# 普通免許

## 合格問題集

【新版】長信一 ●[著] Shinichi Cho

新星出版社

# 本書の使い方 本書の構成は大きく4つのパートに分かれています。

## Part2 交通ルール徹底解説&一問一答 ➡ P22〜78

わかりやすいイラストで交通ルールを学び、項目ごとに設けた一問一答問題で復習します。

### （徹底解説）

**本免** 本免許試験で出題される項目　　**仮免** 仮免許試験で出題される項目

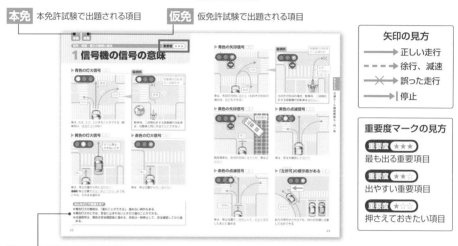

**矢印の見方**

⟶ 正しい走行

- - -➡ 徐行、減速

✕⟶ 誤った走行

⟶| 停止

**重要度マークの見方**

**重要度 ★★★**
最も出る重要項目

**重要度 ★★☆**
出やすい重要項目

**重要度 ★☆☆**
押さえておきたい項目

**みんなどこで間違える?** 試験によく出る交通ルールや見落としがちな交通ルールを覚えて点数アップ!

### （一問一答）

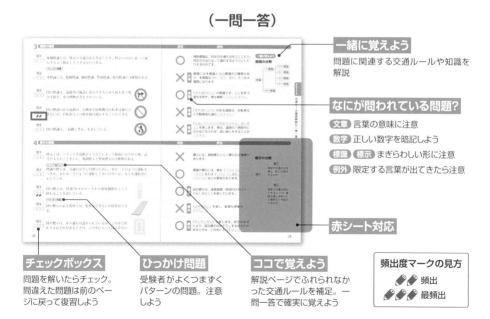

**一緒に覚えよう**
問題に関連する交通ルールや知識を解説

**なにが問われている問題?**
**文章** 言葉の意味に注意
**数字** 正しい数字を暗記しよう
**標識** **標示** まぎらわしい形に注意
**例外** 限定する言葉が出てきたら注意

**赤シート対応**

**頻出度マークの見方**
🏷 頻出
🏷🏷 最頻出

**チェックボックス**
問題を解いたらチェック。間違えた問題は前のページに戻って復習しよう

**ひっかけ問題**
受験者がよくつまずくパターンの問題。注意しよう

**ココで覚えよう**
解説ページでふれられなかった交通ルールを補足。一問一答で確実に覚えよう

# Part1

## ひっかけ対策は
## これでバッチリ!
**➡ P8〜20**

受験者が間違えやすいポイントを出題傾向ごとに分類。傾向ごとの対策をわかりやすく解説します。

### 赤シート対応

赤シートを使って、解答・解説を隠しながら解いていこう

---

**関連ページ**
本文の解説ページを掲載

**類似問題**
なにを問われているか、違いを判断しながら答えよう

**解説**
出題傾向を徹底解説。赤シートを使いながら覚えよう

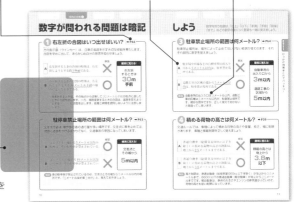

---

**制限時間**
時間内にすべての問題を解答しよう

### 赤シート対応

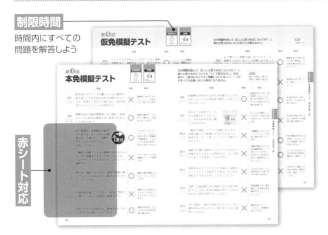

# Part3

## 仮免許・本免許
## 実戦模擬テスト
**➡ P80〜167**

試験の出題傾向を分析して問題を作成。実際の試験と同じ形式で、仮免3回分、本免5回分を収録しました。

---

# 別冊

## 試験直前!
## 交通ルール
## 最終確認BOOK

試験直前の最終チェックに最適。赤シートを使って理解度を確認しましょう。

・試験に出る9所（キューショ）をチェック!
・まぎらわしい標識・標示に注意!
・数字でルールを覚えよう!
・必ず覚えたい! 重要交通用語50
・試験直前! 頻出おさらい問題
・試験当日までの準備チェックリスト

### 赤シート対応

# Contents

## Part1 ひっかけ対策はこれでバッチリ!

## Part2 交通ルール徹底解説&一問一答

# Part3 仮免許・本免許 実戦模擬テスト

## 別冊『試験直前！交通ルール最終確認BOOK』

●本文デザイン・DTP／株式会社シーツ・デザイン　●本文イラスト／神林光二　●編集・制作／有限会社ヴュー企画

# 受験ガイド

## 受験できない人

- ・年齢が 18 歳未満の人
- ・免許を拒否された日から起算して、指定された期間を経過していない人
- ・免許を保留されている人
- ・免許を取り消された日から起算して、指定された期間を経過していない人
- ・免許の効力が、停止または仮停止されている人

※一定の病気等に該当するかどうかを調べるため、症状に関する質問票を提出してもらいます。

## 適性試験の内容

### 視力検査
両眼で 0.7 以上あれば合格。片方の目が見えない人でも、見えるほうの視力が 0.7 以上で視野が 150 度以上あればよい。眼鏡、コンタクトレンズの使用も認められている。

### 色彩識別能力検査
信号機の色である「赤・黄・青」を見分けることができれば合格。

### 聴力検査
10 メートル離れた距離から警音器の音（90 デシベル）が聞こえれば合格。補聴器の使用も認められている。

### 運動能力検査
手足、腰、指などの簡単な屈伸運動をして、車の運転に支障がなければ合格。義手や義足の使用も認められている。

※身体や聴覚に障害がある人は、あらかじめ運転適性相談を受けてください。

## 学科試験の内容

### 出題内容
国家公安委員会が作成した「交通の方法に関する教則」の内容の範囲内から出題される。（本書は、この内容に準拠し、わかりやすく解説してあります。）

### 試験の方法
筆記試験。配布された試験問題を読んで正誤を判断し、別紙の解答用紙（マークシート）に記入する。

### 合格基準
仮免許、本免許試験ともに90％以上の成績であること。

### 仮免許試験
文章問題（1問1点）が50問出題され、45点以上であれば合格。制限時間は30分。

### 本免許試験
文章問題（1問1点）が90問、イラスト問題（1問2点）が5問出題され、90点以上であれば合格。制限時間は50分。

# Part 1

# ひっかけ対策は
# これでバッチリ!

みんなが学科試験で間違えやすい
問題パターンを覚えて、
得点力をアップしよう!

# みんながよく間違える文章

## ❶ 問題文は最後までよく読もう！

日本語は、文末で肯定か否定をする少しやっかいな言語です。最後まで読まないと、イエスかノーが逆転してしまいます。問題文は最後までしっかり読んで解答しましょう。

| | | 解答 | |
|---|---|---|---|
| **A** | 重い荷物を積んで車を運転するときは、積み荷の重心が高いほど安定した走行ができる。 |  |  |
| **B** | 重い荷物を積んで車を運転するときは、積み荷の重心が高いほど安定した走行ができない。 |  |  |

**解説** 積み荷は、重心が高いほど安定した走行ができなくなります。

## ❷ 交通用語の意味を正しく覚えよう！

学科試験の問題文には交通用語がよく出てきます。その意味を知らないと、答えられない問題がたくさんあります。交通用語は、その意味を正しく覚えるようにしましょう。

| | | 解答 | |
|---|---|---|---|
| **A** | 追い越しとは、車が進路を変えて進行中の前車の前方に出ることをいう。 |  |  |
| **B** | 追い抜きとは、車が進路を変えて進行中の前車の前方に出ることをいう。 |  | |

**解説** 追い越しとは車が進路を変えて進行中の前車の前方に出ることをいい、追い抜きとは車が進路を変えずに進行中の前車の前方に出ることをいいます。

# 問題はコレ！

よく似た2つの例題をよく見比べてみましょう。そこには解答のヒントが潜んでいます！

## ③ 強調文は例外がないか考えよう！

文中に「必ず」「絶対に」「どんな場合でも」などの限定の言葉があったときは、注意が必要です。ルールには原則と例外がありますが、本当に例外はないのかをよく考えて判断しましょう。

| | | 解答 |
|---|---|---|
| **A** | 右図の標識のあるところは、どんな場合でも車の通行が禁止されている。 | × |
| **B** | 右図の標識のあるところは、原則として車の通行が禁止されている。 | ○ |

**ココをチェック！**

どんな場合でも
or
原則として

**解説** 「歩行者専用」の標識です。原則として車の通行は禁止されていますが、例外として沿道に車庫を持つ車などで特に通行が認められた場合は、通行することができます。

## ④ 数字を問われる問題。以下は含み、未満は含まない！

数字に関する対策は次のページでも述べますが、その数字を含むか含まないかが重要になってきます。例えば、5メートル以下といえば5メートルは含み、5メートル未満といえば5メートルは含みません。

| | | 解答 |
|---|---|---|
| **A** | 最大積載量が2トン以下の自動車は、普通免許で運転できる。 | × |
| **B** | 最大積載量が2トン未満の自動車は、普通免許で運転できる。 | ○ |

**ココをチェック！**

以下
or
未満

**解説** 普通免許で運転できる自動車は、最大積載量が2トン未満のものです。Aは2トンを含んでしまうので、普通免許では運転できません（準中型免許か中型免許か大型免許が必要です）。

# 数字が問われる問題は暗記

## ❶ 右左折の合図はいつ出せばいい？ →P44

方向指示器（ウインカー）は、自車の進路を示す大切な役割を果たします。合図を早めに出して、あらかじめ自分の意思を知らせましょう。

解答

**A** 右左折するときの合図の時期は、右左折しようとする約3秒前である。

**B** 右左折するときの合図の時期は、右左折しようとする30メートル手前の地点に達したときである。

**確実に覚える！**

右左折
するときは
**30m**
手前

**解説** 右左折するときは、その地点から逆算して30メートル手前の地点に達したときに合図を出します。一方、進路変更するときの合図は、進路を変えようとする約3秒前に合図を出します。距離と時間を混同しないように注意しましょう。

## ❷ 駐停車禁止場所の範囲は何メートル？ →P63

交差点付近は、車や歩行者の通行量が多い場所です。交差点に車を止めては、周囲に迷惑をかけるばかりでなく、交通事故の原因になってしまいます。

解答

**A** 交差点とその端から5メートル以内の場所は、車の駐停車が禁止されている。

**B** 交差点とその端から10メートル以内の場所は、車の駐停車が禁止されている。

**確実に覚える！**

交差点と
その端から
**5m以内**

**解説** 車の駐停車が禁止されているのは、交差点とその端から5メートル以内の場所です。「5メートルは約車1台分」と、覚えておきましょう。

数字を問う問題は、「以上」「以下」「未満」「手前」「前後」「まで」などの数字の後につく言葉も一緒に覚えましょう。

## ③ 駐車禁止場所の範囲は何メートル？ →P64

駐車禁止場所は、場所によって止めてはいけない範囲が変わります。それぞれ個別に数字を覚えましょう。

**A** 駐車場や車庫などの自動車用の出入り口から5メートル以内は、駐車禁止場所である。

解答  ×

**B** 道路工事の区域の端から5メートル以内は、駐車禁止場所である。

解答 ○

解説 自動車用の出入り口は3メートル以内、道路工事の区域は5メートル以内が、駐車禁止場所です。微妙な数字ですが、正しく覚えておかないと間違ってしまいます。

**確実に覚える！**

自動車用の
出入り口から
**3m以内**

道路工事の
区域から
**5m以内**

## ④ 積める荷物の高さは何メートル？ →P39

交通ルールでは、車種によって積める荷物の高さや重量、長さ、幅に制限があります。車種と積載制限を正しく覚えましょう。

**A** 普通自動車（総排気量660cc以下を除く）に積める荷物の高さの制限は、地上から2.5メートルまでである。

解答  ×

**B** 普通自動車（総排気量660cc以下を除く）に積める荷物の高さの制限は、地上から3.8メートルまでである。

解答  ○

解説 高さ制限は、普通自動車（総排気量660cc以下を除く）が地上から3.8メートルまで、660cc以下の普通自動車（軽自動車）が地上から2.5メートルまでです。軽自動車は、車体の大きさやエンジンの排気量が小さいので、荷物の高さも低い制限になっています。

**確実に覚える！**

積載の高さは
地上から
**3.8m以下**

# 標識問題は違いと意味を覚

## ❶ 似ているデザイン。どっちがどっち?

解答

**A** 図の標識は、「駐車禁止」を表している。  「車両通行止め」

**B** 図の標識は、「駐車禁止」を表している。  「駐車禁止」

> **解説** Aは「車両通行止め」を表し、車（自動車、原動機付自転車、軽車両）は通行できません。Bは「駐車禁止」を表し、車の駐車が禁止されています。

## ❷ 補助標識があるか? ないか?

解答

**A** 図の標識は「追越し禁止」を表し、車は追い越しをしてはいけない。  「追越し禁止」

**B** 図の標識は「追越しのための右側部分はみ出し通行禁止」を表し、車は道路の右側部分にはみ出して追い越しをしてはいけない。  「追越しのための右側部分はみ出し通行禁止」

> **解説** Aは「追越し禁止」、Bは「追越しのための右側部分はみ出し通行禁止」の標識です。Aは追い越す行為そのものを禁止しているのに対し、Bは道路の右側部分にはみ出さなければ追い越しできます。

# えよう

よく似た2つの標識の違いと意味を理解しましょう。
形や色が似ていても意味はまったく違います！

## ❸ 青矢印? 白矢印? どうちがう?

解答

**A** 図の標識は「一方通行」を表し、車は矢印の示す反対方向には通行できない。

「左折可」

 ✕

**B** 図の標識は「左折可」を表し、車は前方の信号が赤色や黄色であっても、歩行者などまわりの交通に注意しながら左折することができる。

「一方通行」

✕

**解説** Aは「左折可」を表し、車は前方の信号が赤色や黄色であっても、歩行者などまわりの交通に注意しながら左折することができます。Bは「一方通行」を表し、車は矢印の示す反対方向には通行できません。

## ❹ 数字の下に線があるか? ないか?

解答

**A** 図の標識は「最高速度」を表し、自動車は時速30キロメートルを超えて運転してはいけない。

「最高速度」

 ◯

**B** 図の標識は「最高速度」を表し、自動車は時速30キロメートルを超えて運転してはいけない。

「最低速度」

✕

**解説** Aは「最高速度」、Bは「最低速度」を表します。Bは、「自動車は時速30キロメートル以上の速度で運転しなければならない」という意味です。

# 二輪車の問題も多く出題さ

## 二輪車のカーブの曲がり方

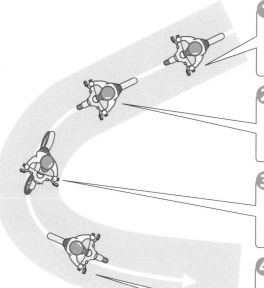

**❶** カーブの手前の<u>直線</u>部分で、十分速度を<u>落として</u>おく

**❷** ハンドルを切るのではなく、<u>車体を傾けて</u>自然に曲がるようにする

**❸** カーブ中はクラッチを<u>切らないで</u>、車輪に<u>エンジン</u>の力をかけておく

**❹** カーブの出口部分で、徐々に<u>加速</u>して速度を上げる

### 問題にチャレンジ！

**A** 二輪車でカーブを曲がるときは、車体を傾けると転倒するおそれがあるので、車体を直立させたままハンドルを切って曲がるような要領で行う。

解答

✕

**B** 二輪車でカーブを曲がるときは、ハンドルを切るのではなく、車体を傾けることによって自然に曲がるような要領で行う。

◯

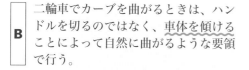

ココをチェック！

**車体を傾けて曲がる**

**解説** 二輪車でカーブを曲がるときは、<u>遠心力</u>が働くため車体をカーブの内側に<u>傾けて</u>曲がる必要があります。無理に<u>ハンドルを切って</u>曲がろうとすると転倒や曲がりきれなくなるおそれがあり危険です。

# れる

普通自動車と自動二輪車の学科試験は同じ問題が使われるため、二輪車の問題も多く出題されます。二輪車の特性を理解して、二輪車問題に備えましょう！

## 運転するときの服装

❶ ヘルメットは JIS マークか PS (C)マークのついた安全なもの（工事用安全帽は不可）

 JISマーク　　　 PS(C)マーク

❷ 長そで長ズボン、グローブ、ブーツか運動靴を身につける

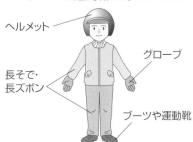

ヘルメット

グローブ

長そで・長ズボン

ブーツや運動靴

### 問題にチャレンジ！

解答

| A | 二輪車を運転するヘルメットは、JISマークかPS（C）マークのついた安全なものがよい。 |  ○ |

| B | 二輪車を運転するヘルメットは、工事用安全帽でもかまわない。 |  × |

**解説**

ヘルメットは、JISかPS（C）マークのついた安全なものをかぶります。また、自分の頭のサイズに合ったものを選び、あごひもを必ず締めて正しく着用しましょう。

## オートマチック二輪車の注意点

❶ クラッチ操作が不要だが、安易な気持ちで取り扱ってはいけない

❷ 低速走行時にスロットルを完全に戻すと、動力が車輪に伝わらず安定を失うことがある

### 問題にチャレンジ！

解答

| A | オートマチック二輪車の低速走行時は、エンジンの力が車輪に伝わらなくなるようなことはない。 |  × |

| B | オートマチック二輪車の低速走行時は、エンジンの力が車輪に伝わりにくい特性がある。 |  ○ |

**解説**

オートマチック二輪車に無段変速装置が採用されている場合、低速走行しているとき、エンジンの力が車輪に伝わりにくい特性があります。

# 引っかけ問題の着目点はコ

## ❶ こう配が急な坂で追い越しが禁止 されているのは、「上りと下り」? 「下りだけ」?

→P67

**A** こう配の急な下り坂は、追い越しが禁止されているが、こう配の急な上り坂は禁止されていない。

**B** こう配の急な坂は、上りも下りも追い越しが禁止されている。

解答 ○

×

解説 追い越しが禁止されているのは、こう配の急な下り坂に限ります。こう配の急な上り坂は、追い越しが禁止されていません。

## ❷ 赤色の灯火の信号と同じなのは、警察官の正面に対して、「平行する交通」? 「平行する交通に交差する交通」?

→P24

**A** 交差点で警察官が図のような手信号をしているときは、警察官の身体の正面に平行する交通は、赤色の灯火の信号と同じである。

**B** 交差点で警察官が図のような手信号をしているときは、警察官の身体の正面に平行する交通に交差する交通は、赤色の灯火の信号と同じである。

解答 ×

○

平行する交通

平行する交通に交差する交通

解説 警察官の身体に対して、平行する交通は黄色、平行する交通に交差する交通（つまり対面する交通のことです）は、赤色の灯火の信号と同じです。

# コだ!

例題の A と B はどちらかが引っかけ問題です。
2 つの表現の違いを比較してみましょう!

Part1

ひっかけ対策はこれでバッチリ!

## ❸ 踏み切りの駐停車禁止場所は、「前後」?「手前だけ」? →P63

**A** 踏切とその手前10メートル以内の場所は駐停車が禁止されているが、その向こう側10メートル以内の場所<u>も</u>禁止されている。

**B** 踏切とその手前10メートル以内の場所は駐停車が禁止されているが、その向こう側10メートル以内の場所<u>は</u>禁止されていない。

解答 ○

解答 ✕

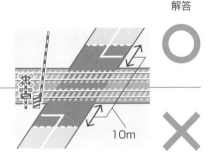

10m

解説 駐停車が禁止されているのは、踏切とその<u>前後10</u>メートル以内の場所です。踏切は危険な場所なので、<u>手前</u>も<u>向こう側</u>も、駐停車が禁止されています。

## ❹ 右向きの青色矢印信号、「右折可、転回不可」?「右折と転回可」? →P23

**A** 交差点で図のような信号に対面したとき、車は右折はできるが、転回(てんかい)はできない(二段階の方法で右折する原動機付自転車と軽車両(けいしゃりょう)を除く)。

**B** 交差点で図のような信号に対面したとき、車は右折と転回の両方ができる(二段階の方法で右折する原動機付自転車と軽車両を除く)。

解答 ✕

解答 ○

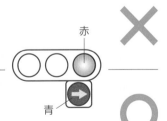

赤

青

解説 図の信号では、車(二段階の方法で右折する原動機付自転車と軽車両は除きます)は、<u>右折</u>も<u>転回</u>もできます。ただし、その交差点が<u>転回禁止区間</u>の場合はできません。

# イラスト問題は「〜かもしれない」

**質問** 10km/hで走行しています。
どのようなことに注意して運転しますか?

**予測❶** バスに衝突するか
もしれない

**予測❷** 後続車が追突する
かもしれない

**予測❸** 対向車が来て衝突
するかもしれない

**予測❹** 歩道の歩行者が道
路を横断するかも
しれない

**予測❺** バスが発進するか
もしれない

**予測❻** バスの前方から歩
行者が出てくるか
もしれない

# と考えて解こう

以下のイラストを見て、どこに危険が
潜んでいるか予測してみましょう！

## 予測結果

### 予測 **1**

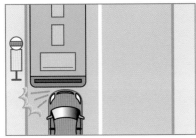

このまま進行すると、バスに衝突し
てしまう

### 予測 **2**

急に停止すると、後続車に追突され
てしまう

### 予測 **3**

バスを避けて進行すると、対向車と
衝突してしまう

### 予測 **4**

歩行者が出てきて、接触してしまう

### 予測 **5**

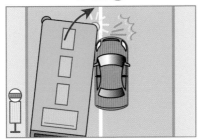

バスが発進して、衝突してしまう

### 予測 **6**

バスの前方から歩行者が出てきて、
接触してしまう

# ルールには例外がある!?

ほとんどの交通ルールには例外があります。問題が原則を聞いているのか、
例外を聞いているのかを判断して解答しましょう!

## ① 信号機「黄色」の原則と例外 →P22

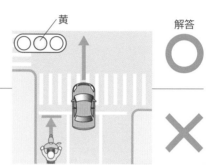

黄

解答

**A** 図の信号に対面した車は、停止位置から先へ進んではいけない。

○

**B** 図の信号に対面した車は、安全に停止できない場合であっても停止位置から先へ進んではいけない。

×

**解説** **原則** 黄色の灯火信号は、停止位置から先へ進んではいけません。
**①例外** しかし、停止位置に近づいていて安全に停止できない場合は、そのまま進行することができます。

## ② 車道通行の原則と例外 →P37

車道
歩道
路側帯

解答

**A** 車は、歩道や路側帯と車道の区別のある道路では、車道を通行する。

○

**B** 車は、道路に面した場所に出入りするため道路を横切るときは、歩道や路側帯を通行できる。

○

車道、歩道、路側帯という言葉の意味を理解しよう。

**解説** **原則** 車は車道を通行しなければなりません。
**①例外** しかし、道路に面した場所に出入りするため道路を横切るときは、歩道や路側帯を通行することができます。

# Part 2

# 交通ルール
# 徹底解説 & 一問一答

試験によく出題される
交通ルールを厳選!
復習問題で確実に暗記しよう!

# 1 信号機の信号の意味

## ▶ 青色の灯火信号 □□

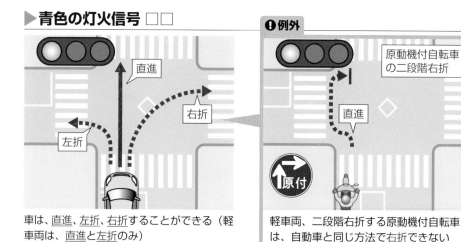

車は、直進、左折、右折することができる（軽車両は、直進と左折のみ）

### ❶例外

原動機付自転車の二段階右折

軽車両、二段階右折する原動機付自転車は、自動車と同じ方法で右折できない

## ▶ 黄色の灯火信号 □□

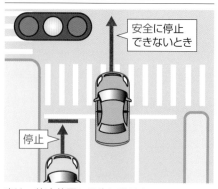

車は、停止位置から先に進めない
❶例外 停止位置で安全に停止できないようなときは、そのまま進める

## ▶ 赤色の灯火信号 □□

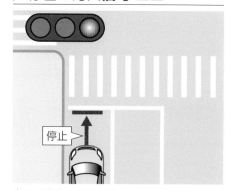

車は、停止位置から先に進めない

---

### みんなどこで間違える？

❋ 青色灯火の意味は、「進むことができる」。進めない例外もある。
❋ 黄色灯火のときは、安全に止まれないときだけ進むことができる。
❋ 点滅信号は、黄色は安全確認後に進める、赤色は一時停止して、安全確認してから進める。

## ▶青色の矢印信号 □□

右折

転回

車は、矢印の方向に進める（右向きの矢印の
場合は、転回もできる）

**❶例外**

原動機付自転車
の二段階右折

右折
できない

右向きの矢印の場合、軽車両、二段階右
折する原動機付自転車は進めない

## ▶黄色の矢印信号 □□

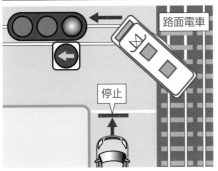

路面電車

停止

路面電車は、矢印の方向に進めるが、車は進
めない

## ▶黄色の点滅信号 □□

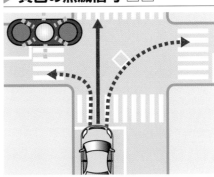

車は、安全を確認して進める

## ▶赤色の点滅信号 □□

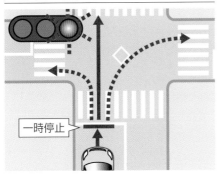

一時停止

車は、停止位置で一時停止して、安全を確認
したあとに進める

## ▶「左折可」の標示板がある □□

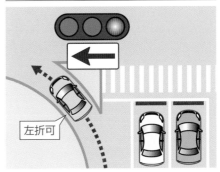

左折可

前方の信号が赤や黄でも、ほかの交通に注意
して左折できる

23

# 2 警察官の信号の意味

## ▶腕を水平に上げているとき □□

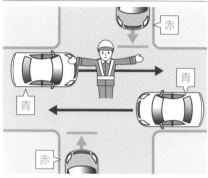

- 警察官などの身体の正面に対面（背面）する交通は、赤色の灯火信号と同じ意味
- 身体の正面に平行する交通は、青色の灯火信号と同じ意味

## ▶腕を頭上に上げているとき □□

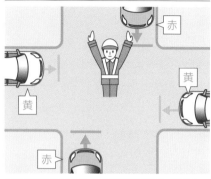

- 警察官などの身体の正面に対面（背面）する交通は、赤色の灯火信号と同じ意味
- 身体の正面に平行する交通は、黄色の灯火信号と同じ意味

## ▶灯火を横に振っているとき □□

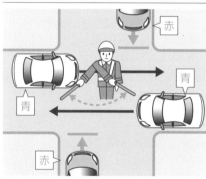

- 警察官などの身体の正面に対面（背面）する交通は、赤色の灯火信号と同じ意味
- 身体の正面に平行する交通は、青色の灯火信号と同じ意味

## ▶灯火を頭上に上げているとき □□

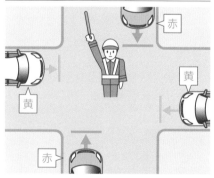

- 警察官などの身体の正面に対面（背面）する交通は、赤色の灯火信号と同じ意味
- 身体の正面に平行する交通は、黄色の灯火信号と同じ意味

**みんなどこで間違える？**

🔆信号機と警察官などの手信号が異なるときは、手信号に従う。

## 1 信号機の信号の意味　　解答　　解説

**問1**
□□□

交差点では、進行方向の信号が赤色の灯火の点滅をしているときは、必ず一時停止をし、安全を確認してから進行する。

◯

必ず一時停止して、安全を確認してから進行することができます。

▼ココで覚えよう

**問2**
□□□

信号が赤から青に変わっても、渡りきれない歩行者や信号を無視して進入してくる車もあるので、十分に安全を確かめてから発進しなければならない。

◯

信号の変わり目は危険なので、十分に安全を確かめてから発進しなければなりません。

**問3**
□□□

交差点の手前で対面する信号が黄色の灯火に変わったときは、車は、原則として停止位置から先に進んではならない。

◯

信号が黄色の灯火に変わったときは、車は、安全に停止できない場合を除き、停止位置から先に進んではいけません。

▼ひっかけ問題

**問4**
□□□

図の信号のある交差点では、車は右折はできるが、転回はできない（軽車両と二段階の方法で右折する原動機付自転車は除く）。

青

✕

図の信号のある交差点では、車は右折と転回をすることができます。

## 2 警察官の信号の意味　　解答　　解説

▼ココで覚えよう

**問1**
□□□

交通巡視員は警察官ではないので、その手信号に従わなくてもよい。

✕

警察官と同様に、交通巡視員の手信号にも従わなければなりません。

**問2**
□□□

警察官が信号機の信号と異なった手信号をしたので、警察官の手信号に従った。

◯

警察官の手信号に従わなければなりません。

**問3**
□□□

警察官が灯火を横に振っている信号で、灯火が振られている方向に進行する交通は、黄色の灯火信号と同じ意味である。

✕

灯火が振られている方向に進行する交通は、青色の灯火信号と同じです。

**問4**
□□□

前方の交差点で図の手信号をしている警察官に対面したので、停止線の直前で停止した。

◯

対面する交通は止まれを表しているので進めません。

重要度 ★★★

# 3 標識の種類

## ▶４種類の本標識と補助標識 □□

### 規制標識
特定の交通方法を禁止したり、特定の方法に従って通行するよう指定したりするもの

**駐停車禁止**
車は駐車や停車をしてはいけない

**二輪の自動車以外の自動車通行止め**
二輪の自動車は通行できるが、そのほかの自動車は通行できない

### 指示標識
特定の交通方法ができることや、道路交通上決められた場所などを指示するもの

**安全地帯**
安全地帯であることを表す

**軌道敷内通行可**
自動車は軌道敷内を通行できる

### 警戒標識
道路上の危険や注意すべき状況を前もって知らせて、注意をうながすもの

**車線数減少**
道路の車線が少なくなることを表す

**道路工事中**
道路が工事中であることを表す

### 案内標識
地点の名称、方面、距離などを示して、通行の便宜をはかろうとするもの

**入口の予告**
緑色は高速道路に関するものを意味する

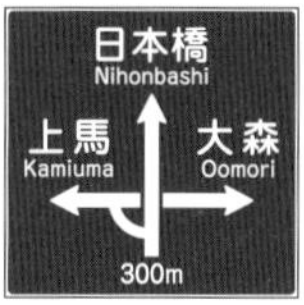


**方面と方向の予告**
道路の方面と方向を表す

### 補助標識
本標識の意味を補足するもの

**車の種類**

**終わり**

**みんなどこで間違える?**

- 標識は、交通規制などを示す「本標識」と、その意味を補足する「補助標識」がある。
- 本標識は、「規制」「指示」「警戒」「案内」の４種類。

信号・標識・標示の種類と意味　　　　　重要度 ★★★

# 4 標示の種類

## ▶規制標示と指示標示 □□

### 規制標示

特定の交通方法を禁止または指定するもの

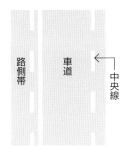

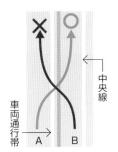

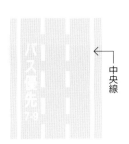

**駐停車禁止路側帯**
車はこの中に入って<u>駐停車</u>してはいけない

**進路変更禁止**
<u>A</u>から<u>B</u>へは進路変更できるが、<u>B</u>から<u>A</u>へはできない

**優先通行帯**
7時から9時まで<u>バス優先通行帯</u>になることを表す

**終わり**
<u>最高</u>速度<u>50</u>キロメートル規制の<u>終わり</u>を表す

### 指示標示

特定の交通方法ができることや、道路交通上決められた場所などを指示するもの

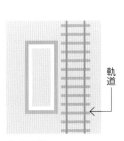

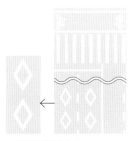

**右側通行**
道路の右側部分にはみ出せることを表す

**安全地帯**
車が入ってはいけない<u>安全地帯</u>を表す

**横断歩道または
自転車横断帯あり**
<u>横断歩道</u>や<u>自転車横断帯</u>があることを表す

**前方優先道路**
前方の交差する道路が優先道路であることを表す

**みんなどこで間違える?**

※標示は、「規制標示」と「指示標示」の2種類がある。

**問1**
□□□ 規制標識とは、特定の交通方法を禁止したり、特定の方法に従って通行するよう指定したりするものである。

▼ひっかけ問題

**問2**
□□□ 本標識には、規制標識、補助標識、警戒標識、案内標識の4種類がある。

**問3**
□□□ 図の標識は、道路外の施設に出入りするため左折を伴う場合を除き、車の横断が禁止されている。

**問4**
□□□
🔖🔖 図の標識のある道路は、自動車や原動機付自転車は通行できないが、自転車などの軽車両は通行することができる。

**問5**
□□□ 図の標識は、「追越し禁止」を表している。

## 4 標示の種類

**問1**
□□□ 標示とは、ペイントや道路びょうなどによって路面に示された線、記号や文字のことをいい、規制標示と警戒標示の2種類がある。

▼ココで覚えよう

**問2**
□□□ 標識や標示は、交通の安全と円滑のために、車を「どのように運転すべきか」または「どのように運転してはいけないか」などを運転者に示している。

**問3**
□□□
🔖🔖 図の標示は、時速50キロメートルの速度制限がここで終わることを表している。

▼ひっかけ問題

**問4**
□□□ 図の標示のある場所では、駐車はできないが停車はできる。

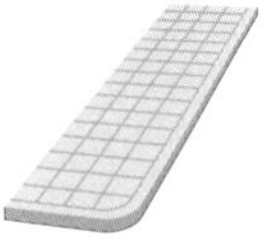

**問5**
□□□ 図の標示は、車の通行は認められているが、この中で停止するおそれがあるときは、この中に入ってはいけない。

規制標識は、特定の交通方法を<u>禁止</u>したり、特定の方法に従って通行するよう<u>指定</u>したりするものです。

標識には本標識と<u>補助</u>標識の2種類があり、本標識は<u>規制</u>、<u>指示</u>、<u>警戒</u>、<u>案内</u>の4種類になります。

「<u>車両横断禁止</u>」の標識です。<u>左折</u>を伴う場合を除き、車は横断<u>してはいけません</u>。

「<u>車両通行止め</u>」のある道路は、自転車などの軽車両も通行<u>できません</u>。

「<u>追越しのための右側部分はみ出し通行禁止</u>」を表します。車は、道路の<u>右</u>側部分にはみ出さなければ、追い越しをすることが<u>できます</u>。

**一緒に覚えよう**
**標識の分類**

標示には、規制標示と<u>指示</u>標示の2種類があります。

標識や標示には、車を「<u>どのように運転すべきか</u>」または「<u>どのように運転してはいけないか</u>」などの意味があります。

図の標示は、速度制限（時速50キロメートル）の<u>終わり</u>を表しています。

「<u>駐停車禁止</u>」を表し、駐車も停車も<u>できません</u>。

「<u>停止禁止部分</u>」を表します。前方の状況により、図の標示の中で<u>停止</u>するおそれがあるときは、この中に入って<u>はいけません</u>。

**一緒に覚えよう**
**標示の分類**

標示
- 規制標示　特定の交通方法を禁止、または指定するもの
- 指示標示　特定の交通方法ができることや、道路交通上決められた場所などを指示するもの

part2 交通ルール徹底解説&一問一答

運転者の基礎知識　　重要度 ★★☆

# 5 運転免許の種類

## ▶運転免許の種類 □□

**第一種運転免許**
自動車や原動機付自転車を運転するときに必要な免許

**第二種運転免許**
バスやタクシーなどの旅客自動車を営業運転するとき、代行運転自動車を運転するときに必要な免許

**仮運転免許**
第一種運転免許を取得しようとする人が、運転練習などのために大型・中型・準中型・普通自動車を運転するときに必要な免許

## ▶第一種免許の種類と運転できる車 □□

| 免許の種類 ＼ 運転できる車 | 大型自動車 | 中型自動車 | 準中型自動車 | 普通自動車 | 大型特殊自動車 | 大型自動二輪車 | 普通自動二輪車 | 小型特殊自動車 | 原動機付自転車 |
|---|---|---|---|---|---|---|---|---|---|
| 大型免許 | ● | ● | ● | ● | | | | ● | ● |
| 中型免許 | | ● | ● | ● | | | | ● | ● |
| 準中型免許 | | | ● | ● | | | | ● | ● |
| 普通免許 | | | | ● | | | | ● | ● |
| 大型特殊免許 | | | | | ● | | | ● | ● |
| 大型二輪免許 | | | | | | ● | ● | ● | ● |
| 普通二輪免許 | | | | | | | ● | ● | ● |
| 小型特殊免許 | | | | | | | | ● | |
| 原動機付免許 | | | | | | | | | ● |
| けん引免許 | 大型・中型・準中型・普通・大型特殊自動車で他の車をけん引するときに必要な免許（総重量 750kg 以下の車をけん引するとき、故障車をロープなどでけん引するときを除く） | | | | | | | | |

※普通免許、大型二輪免許、普通二輪免許には AT 限定がある。

**みんなどこで間違える?**
✹普通免許では、普通自動車のほかに原動機付自転車と小型特殊自動車が運転できる。

運転者の基礎知識　　　　　　　　　　　　　　重要度 ★★☆

# 6 自動車の点検

## ▶日常点検 □□

自動車の使用者は、自動車の走行距離や使用状況などから判断した適切な時期に、日常点検を行う

**1日1回、運行前に日常点検を行わなければならない自動車**

| ①事業用自動車（660cc 以下の自動車と自動二輪車を除く） |
| --- |
| ②レンタカー |
| ③自家用で、つぎの自動車 |

- ●乗車定員11人以上の自動車　●貨物自動車（660cc 以下のものを除く）
- ●幼児送迎用自動車（660cc 以下のものを除く）　●特殊用途車（660cc 以下のものを除く）
- ●大型特殊自動車　●三輪の自動車　●カタピラやそりを有する660cc 以下の自動車

## ▶定期点検 □□

自動車の使用者は、自動車の種類や用途によって定められた時期に、定期点検を行う

**定期点検の時期（主なもの）**

| | |
| --- | --- |
| **3か月ごと** | ・自家用…乗車定員11人以上の自動車、車両総重量の8トン以上の貨物自動車<br>・レンタカー…乗車定員11人以上の自動車、貨物自動車（660cc 以下を除く）<br>・事業用…自動車（660cc 以下、大型自動二輪車、普通自動二輪車を除く） |
| **6か月ごと** | ・自家用…車両総重量8トン未満の貨物自動車（660cc 以下を除く）<br>・レンタカー…車両総重量8トン未満で乗車定員10人以下の乗用自動車、660cc 以下の貨物自動車 |
| **1年ごと** | ・自家用…車両総重量8トン未満で乗車定員10人以下の乗用自動車、大型自動二輪車、普通二輪車<br>・事業用…660cc 以下の自動車 |

## ▶検査（車検） □□

自動車の使用者は、自動車の種類や用途によって定められた時期に、検査（車検）を行う

**検査（車検）の時期（主なもの）**

| | |
| --- | --- |
| **1年ごと** | ・自家用…貨物自動車（660cc 以下を除く）、乗車定員11人以上の乗用自動車<br>・レンタカー…自動車（660cc 以下を除く）<br>・事業用…自動車（660cc 以下、大型自動二輪車、普通自動二輪車を除く） |
| **2年ごと** | ・自家用…乗車定員10人以下の乗用自動車、660cc 以下の貨物自動車、大型自動二輪車、普通自動二輪車（250cc 以下を除く）<br>・レンタカー…自動車（660cc 以下） |

**みんなどこで間違える？**

※自動車の点検には、「日常点検」「定期点検」「検査（車検）」がある。

Part2 交通ルール徹底解説＆一問一答

## 5 運転免許の種類

▼ココで覚えよう

**問1** 運転免許を取得するということは、単に車を運転できるということだけでなく、刑事上、行政上、民事上の責任など、社会的責任があることを自覚しなければならない。

▼ココで覚えよう

**問2** 車両総重量が3500キログラム未満、最大積載量が2000キログラム未満の貨物自動車は、普通免許で運転することができる。

▼ひっかけ問題

**問3** タクシーを回送で運転するときでも、第二種免許が必要である。

**問4** 普通自動車で車両総重量が750キログラム以下の車をけん引するときは、けん引する自動車の免許のほかにけん引免許が必要である。

**問5** 運転免許は、第一種免許、第二種免許、仮免許の3種類に区分されている。

## 6 自動車の点検

▼ココで覚えよう

**問1** エンジンオイルの量を点検するときは、オイルを全体に回してから油量計で示された範囲内にあるか点検する。

**問2** 自家用普通乗用自動車の日常点検整備は、毎日1回、必ず行わなければならない。

▼ココで覚えよう

**問3** タイヤの点検は、空気圧、亀裂やすり減り、溝の深さに不足がないかなどを調べる。

▼ひっかけ問題

**問4** 自家用の乗用自動車（大型自動車、レンタカーを除く）は、6か月ごとに定期点検をし、必要な整備をする。

▼ココで覚えよう

**問5** 普通自動二輪車と大型自動二輪車の日常点検は、走行距離や運行時の状況から判断して適切な時期に行えばよい。

運転免許を取得すると、刑事上、行政上、民事上の責任など、社会的な責任を負うことになります。

**一緒に覚えよう**

### 免許証の携帯と提示

自動車や原動機付自転車を運転するときは、免許証を携帯する。また、警察官から免許証の提示を求められたら提示しなければならない。

 **数字** 普通免許では、車両総重量が3500キログラム未満、最大積載量が2000キログラム未満の自動車を運転することができます。

 第二種免許は、旅客自動車で旅客を運送するために必要な免許です。ただし、回送の場合は、旅客を運送する目的ではないので、第二種免許は必要ありません。

 **数字** 750キログラム以下の車をけん引するときは、けん引免許は必要ありません。

 運転免許は、第一種免許、第二種免許、仮免許の3種類に区分されています。

Part2 交通ルール徹底解説&一問一答

 エンジン始動中はオイルの量を正確に計れません。エンジンを止め、しばらくしてから点検します。

**一緒に覚えよう**

### 日常点検の方法

①運転席に座って点検する
②エンジンルームを開けて点検する
③車の回りを見て点検する

 **文章** 走行距離や運行時の状況から判断して、適切な時期に行います。

 タイヤは、空気圧、亀裂やすり減り、溝の深さなどを点検します。

 **数字** 設問の車は1年ごとに定期点検をし、必要な整備をしなければなりません。

 自動二輪車は、使用者が判断した適切な時期に日常点検を行います。

# 7 車の通行するところ

## ▶左側通行の原則 □□

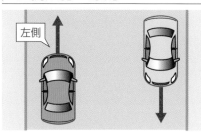

車は、道路の左側を通行する

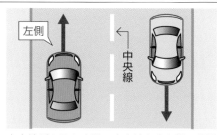

中央線があるときは、中央線から左側の部分を通行する

---

### ❶例外　右側部分にはみ出して通行できるとき

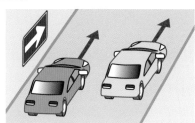

道路が一方通行になっているとき

工事などで左側部分だけで通行するのに十分な幅がないとき

左側の幅が6メートル未満の見通しのよい道路で、ほかの車を追い越そうとするとき（禁止されている場合を除く）

「右側通行」の標示のある場所のとき
※「一方通行の道路」以外は、はみ出し方をできるだけ少なくする

---

**みんなどこで間違える？**

＊車は、歩道や路側帯と車道が区別のある道路では、車道を通行しなければならない。

道路の通行ルール　　　　　　　　　　　重要度 ★★★

# 8 車が通行してはいけないところ

## ▶標識・標示で通行が禁止されている場所 □□

| 通行止め | 車両通行止め | 安全地帯 | 立入り禁止部分 |

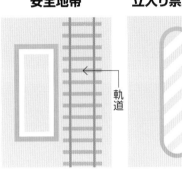

軌道

## ▶歩道や路側帯では □□

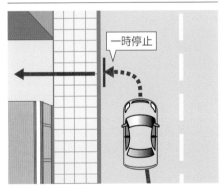

一時停止

車は通行できない

**❶例外** 横切るときは通行できる。その場合は、その直前に一時停止して歩行者の通行を妨げないようにしなければならない

## ▶歩行者用道路では □□

許可証

徐行

車は通行できない

**❶例外** 沿道に車庫があるなどを理由に、特に通行を認められた車は通行できる。その場合は、歩行者に注意して徐行しなければならない

---

**みんなどこで間違える?**

☀自動車や原動機付自転車は、路側帯（ろそくたい）を通行してはいけない。

☀自動車や原動機付自転車は、軌道敷内を通行してはいけない。

**問1**
□□□
車は、原則として道路の中央（中央線があるときは、その中央線）から左側の部分を通行しなければならない。

**問2**
□□□
一方通行の道路では、車は道路の中央から右の部分にはみ出して通行することができる。

▼ひっかけ問題

**問3**
□□□
左側部分の幅が6メートル以上の広い道路で、追い越し禁止の標識がない場合は、右側部分にはみ出して追い越してよい。

**問4**
□□□
車は、道路状態やほかの交通に関係なく、道路の中央から右の部分にはみ出して通行してはならない。

**問5**
□□□
下り坂のカーブに、図のような矢印の標示があるときは、対向車に注意しながら、矢印に沿って通行することができる。

▼ひっかけ問題

**問1**
□□□
道路に面した場所に出入りするために歩道や路側帯を横切る場合には、運転者はその直前で一時停止するとともに、歩行者の通行を妨げないようにしなければならない。

▼ココで覚えよう

**問2**
□□□
四輪車は、歩道や路側帯のない道路では、路肩（路端から0.5メートルの部分）にはみ出して通行してはならない。

**問3**
□□□
図の標識は、自動車はもちろん、原動機付自転車や軽車両も通行できないことを示す。

**問4**
□□□
図の標示は、通行することはできるが、この中で停止してはならないことを示す。

**問5**
□□□
図の標識は、この先は歩行者が多いので、車両は注意して通行しなければならないことを示す。

原則として、道路の<u>中央から左側</u>の部分を通行します。

 一方通行の道路は<u>対向車</u>がこないので、右側部分にはみ出して通行することが<u>できます</u>。

 広い道路（6メートル<u>以上</u>）では、はみ出して追い越しを<u>してはいけません</u>。

 工事など左側部分を通行できないときなどは、はみ出して通行<u>できます</u>。

 「<u>右側通行</u>」の標示で、右側にはみ出して通行することが<u>できます</u>。

**一緒に覚えよう**

## 車道通行の原則と例外

**原則** …車は歩道や路側帯と車道の区別のある道路では、<u>車道</u>を通行する。

**例外** …道路に面した場所に出入りするため横切るときは、<u>歩道</u>や<u>路側帯</u>も通行できる。

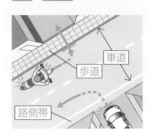

---

 <u>一時停止</u>して、歩行者の通行を妨げないようにします。

 四輪車は、路肩（路端から<u>0.5</u>メートルの部分）にはみ出して通行<u>してはいけません</u>。

 「<u>車両通行止め</u>」を表し、自動車、原動機付自転車、軽車両は通行<u>できません</u>。

 「<u>立入り禁止部分</u>」を表し、この中に入ってはいけません。

 「<u>歩行者専用</u>」を表し、車は原則として通行<u>できません</u>。

**一緒に覚えよう**

## 交通状況による進入禁止

前方の交通が混雑している次のような場所は、車は進入してはいけない。

①交差点
②「<u>停止禁止部分</u>」の標示があるところ
③踏切
④横断歩道や自転車横断帯

「停止禁止部分」

# 9 車両通行帯の走行

## ▶車両通行帯のない道路（片側１車線）　□□

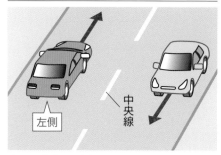

車は、道路の左側に寄って通行する。これを「キープレフト」という

## ▶車両通行帯のある道路（片側２車線）　□□

あけておく

中央線

車両通行帯

車は、左側の車両通行帯を通行する（右側の車両通行帯は追い越しなどのためにあけておく）

## ▶車両通行帯のある道路（片側３車線以上）　□□

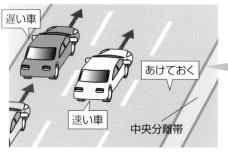

遅い車

あけておく

速い車

中央分離帯

車は、もっとも左側の車両通行帯を通行する（もっとも左側以外の車両通行帯は追い越しなどのためにあけておく）。この場合、速度の遅い車がもっとも左側の通行帯を、速度が速くなるにつれて順次右側寄りの通行帯を通行する

## ❶例外

❶ 小型特殊自動車

❷ 原動機付自転車

❸ 軽車両

速度が遅いので、車両通行帯の有無にかかわらず、もっとも左側を通行する

---

**みんなどこで間違える?**

※ ２つ以上の車両通行帯があるとき、もっとも右側の車両通行帯は右折や追い越しのためにあけておく。

運転者の基礎知識　　　　　重要度 ★★☆

# 10 乗車・積載の制限

## ▶自動車と原動機付自転車の乗車定員、積載物の制限 □□

| 車の種類 | 乗車定員 | 積載物の重量 | 積載物の制限と方法 |
|---|---|---|---|
| 大型自動車<br>中型自動車<br>準中型自動車<br>普通自動車<br>大型特殊自動車 | 自動車検査証に記載されている乗車定員（ミニカーは1人） | 自動車検査証に記載されている最大積載量（ミニカーは90kg以下） | 自動車の長さ×1.2以下（長さ＋長さの2/10）　自動車の幅×1.2以下　3.8m以下<br>三輪の普通自動車と総排気量660cc以下の普通自動車は、高さ2.5m以下 |
| 大型自動二輪車<br>普通自動二輪車 | 1人（運転者用以外の座席のあるものは2人） | 60kg以下 | 積載装置の長さ＋0.3m以下　積載装置の幅＋左右に0.15m以下　2.0m以下 |
| 原動機付自転車 | 1人 | 30kg以下 | 積載装置の長さ＋0.3m以下　積載装置の幅＋左右に0.15m以下　2.0m以下 |

＊12歳未満の子どもは、3人を大人2人として計算する
＊運転者も、乗車定員に含まれる
＊ミニカーは、総排気量50cc以下、または定格出力0.60kw以下の原動機を有する自動車で、車の分類では「普通自動車」になる

**みんなどこで間違える？**
※子どもは、3人を大人2人として換算する。

## 9 車両通行帯の走行

**問1**
□□□
図の標示のあるところでは、自動車や原動機付自転車は、この指定された通行区分に従って通行しなければならない。

▼ココで覚えよう

**問2**
□□□
車両通行帯のある道路では、みだりに通行帯を変えず、同一の車両通行帯を通行しなければならない。

▼ひっかけ問題

**問3**
□□□
車両通行帯のない道路では、速度の速い車は原則として道路の中央寄りの部分を通行しなければならない。

**問4**
□□□
🏷🏷
同一方向に3つ以上の車両通行帯があるときは、もっとも右側の車両通行帯は追い越しのためにあけておく。

**問5**
□□□
同一方向に2つの車両通行帯があるときは、直進車はどちらの車両通行帯を通行してもよい。

## 10 乗車・積載の制限

**問1**
□□□
貨物自動車に荷物を積むとき、車の長さよりも荷物がはみ出してはならない。

**問2**
□□□
原動機付自転車に荷物を積む場合は、積載装置から後方に0.3メートルまではみ出してもよい。

**問3**
□□□
自動車検査証に記載されている自動車の乗車定員は、運転者も含まれる。

▼ひっかけ問題

**問4**
□□□
トラックに荷物を積んだとき、荷物の見張りのため荷台に1人乗せる場合は、警察署長の許可は必要ない。

**問5**
□□□
🏷🏷🏷
乗車定員5人の乗用車には、運転者のほかに大人が1人乗っているときは、12歳未満の子どもを5人まで乗せることができる。

「進行方向別通行区分」の標示です。自動車や原動機付自転車は、この指定された通行区分に従って通行しなければなりません。

## 不必要な車線変更の禁止

- 2つの車両通行帯にまたがったまま通行しない
- みだりに車線を変えると危険なので、同一の車両通行帯を通行する

 後続車の迷惑となったり事故の原因にもなるので、みだりに進路を変えながら通行してはいけません。

 速度に関係なく、道路の左側部分を通行しなければなりません。

 もっとも右側はあけておき、それ以外の通行帯を速度に応じて通行します。

自分の車

 右側は追い越しなどのためあけておき、左側の通行帯を通行します。

 荷物は、自動車の長さの1.2倍まではみ出して積むことができます。

 荷台から後方に0.3メートルまではみ出して積むことができます。

## 乗車の原則と例外

**原則** …座席以外のところに人を乗せてはならない

**例外** …荷物の見張りのためであれば、荷台に最小限度の人を乗せることができる

 自動車検査証の乗車定員は、運転者も含まれています。

 荷物の見張りのためであれば、許可なく乗せることができます。

 大人2人を子ども3人として計算するので、子どもは4人までです。

Part2 交通ルール徹底解説&一問一答

# 11 歩行者の保護

### ▶ 歩行者などのそばを通るとき　□□

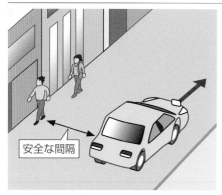

歩行者との間に安全な間隔をあける

安全な間隔があけられないときは、徐行しなければならない

### ▶ 安全地帯の側方を通行するとき　□□

安全地帯に歩行者がいる場合は徐行する

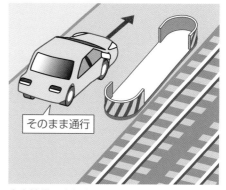

安全地帯に歩行者がいない場合はそのまま通行できる

> **みんなどこで間違える？**
> ❋ 横断歩道や自転車横断帯と、その手前30メートル以内の場所では、追い越しと追い抜きが禁止されている。
> ❋ 横断歩道の手前に停止車両があるときは、一時停止して安全を確認する。

## ▶横断歩道を 通行するとき □□

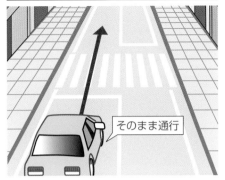

横断しようとする人が明らかにいない場合は、そのまま通行できる

横断しようとする人がいるかいないか明らかでない場合は、その手前で停止できるような速度に落として進む

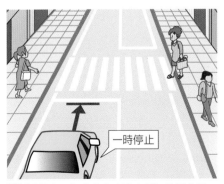

横断する人、しようとする人がいる場合は、その手前で一時停止しなければならない

## ▶停留所で停止中の路面 電車に追いついたとき □□

**❶原則** 乗り降りする人がいなくなるまで、後方で停止して待つ

**❶例外 徐行して進めるとき**

安全地帯があるとき

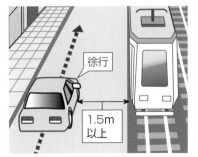

安全地帯がない停留所で乗降客がなく、路面電車と1.5メートル以上の間隔がとれるとき

道路の通行ルール　　　　　　　　　　　　重要度 ★★☆

# 12 合図の時期と方法

## ▶合図を行う時期と方法　□□

| 合図を行う場合 | 合図を行う時期 | 合図の方法 |
|---|---|---|
| **左折** するとき（環状交差点内を除く） | 左折しようとする30m手前の地点 | 曲げる　　　伸ばす<br><br>左側の方向指示器を操作するか、右腕を車の外に出してひじを垂直に上に曲げるか、左腕を水平に伸ばす |
| **左に進路変更** するとき | 進路を変えようとする約3秒前 | |
| **環状交差点を出る**とき（環状交差点に入るときは合図を行わない） | 出ようとする地点の直前の出口の側方を通過したとき（環状交差点直後の出口を出る場合は、その環状交差点に入ったとき） | |
| **右折、転回** するとき（環状交差点内を除く） | 右折、転回しようとする30m手前の地点 | 伸ばす　　　曲げる<br><br>右側の方向指示器を操作するか、右腕を車の外に出して水平に伸ばすか、左腕のひじを垂直に上に曲げる |
| **右に進路変更** するとき | 進路を変えようとする約3秒前 | |
| **徐行、停止** するとき | 徐行または停止しようとするとき | 斜め下　　　斜め下<br><br>制動灯をつけるか、腕を車の外に出して斜め下に伸ばす |
| **後退**するとき | 後退しようとするとき | 前後<br><br>後退灯をつけるか、腕を車の外に出して斜め下に伸ばし、手のひらを後ろに向けて腕を前後に動かす |

**みんなどこで間違える?**

※進路変更をするときは、進路を変えようとする約3秒前の地点で合図を行う。

問1 □□□ 🏷🏷
安全地帯のない停留所に路面電車が停止しているときは、乗降客がなく路面電車との間に1.5メートル以上の間隔がとれれば、徐行して進行することができる。

○
乗降客がなく、路面電車との間に1.5メートル以上の間隔がとれるときは、徐行して進行することができます。

▼ひっかけ問題

問2 □□□
交通整理の行われていない横断歩道の手前にトラックが停車していたので、徐行してトラックの側方を通過した。

✕
徐行ではなく、一時停止して歩行者の有無を確認する必要があります。

▼ココで覚えよう

問3 □□□
白や黄色のつえを持った人、盲導犬を連れた人が歩いている場合などの歩行者に対しては、一時停止か徐行してこれらの人が安全に通行できるようにしなければならない。

○
設問の歩行者に対しては、一時停止か徐行して安全に通行できるようにします。

問4 □□□ 🏷🏷
横断歩道に近づいたとき、横断する人がいないことが明らかでないときは、その手前で停止できるように速度を落として進まなければならない。

○
横断する人がいないことが明らかでないときは、その手前で停止できるような速度で進まなければなりません。

▼ココで覚えよう

問1 □□□ 🏷🏷
進路変更、転回、後退などをしようとするときは、あらかじめバックミラーなどで安全を確かめてから合図をしなければならない。

○
あらかじめバックミラーなどで安全を確かめてから合図します。

問2 □□□
進路変更の合図は、その行為をしようとするときの約3秒前である。

○
進路変更の合図は、その行為をしようとする約3秒前に行います。

▼ひっかけ問題

問3 □□□
右折や左折の合図は、右折や左折をしようとする約3秒前に行う。

✕
3秒前ではなく、右折や左折しようとする30メートル手前で行います。

問4 □□□ 🏷🏷
図の手による合図は、徐行か停止するときの合図である。

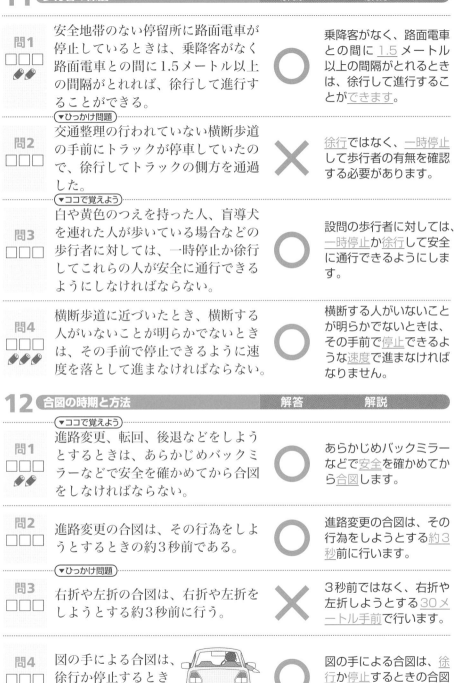

○
図の手による合図は、徐行か停止するときの合図です。

45

道路の通行ルール　　　　　　　　　　　　　　　重要度 ★★★

# 13 緊急自動車の優先

## ▶交差点やその付近で緊急自動車が近づいてきたとき　□□

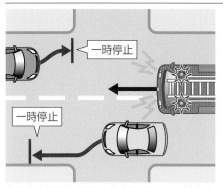

交差点を避け、道路の<u>左</u>側に寄って<u>一時停止</u>する

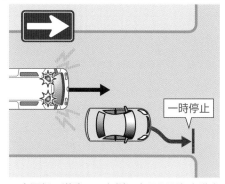

一方通行の道路で、<u>左</u>側に寄ると緊急自動車の妨げになる場合は、交差点を避け、<u>右</u>側に寄って<u>一時停止</u>する

## ▶交差点やその付近以外で緊急自動車が近づいてきたとき　□□

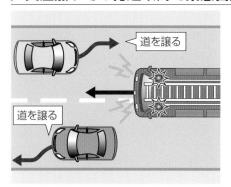

道路の<u>左</u>側に寄って<u>道を譲る</u>

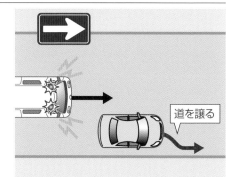

一方通行の道路で、<u>左</u>側に寄ると緊急自動車の妨げになる場合は、<u>右</u>側に寄って<u>道を譲る</u>

---

**みんなどこで間違える?**

※交差点やその付近以外で緊急自動車が近づいてきたときは、必ずしも一時停止する必要はない。

46

# 14 路線バスなどの優先

## ▶バス専用通行帯では □□

バス以外の車は通行できない（<u>小型特殊自動車</u>、<u>原動機付自転車</u>、<u>軽車両</u>を除く）

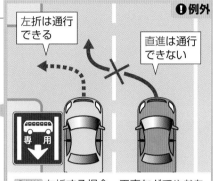

**❶例外** <u>左折</u>する場合、工事などで<u>やむを得ない</u>場合、<u>緊急自動車</u>に進路を譲る場合は、通行できる

## ▶路線バス等優先通行帯では □□

路線バスなど以外の車も通行<u>できる</u>

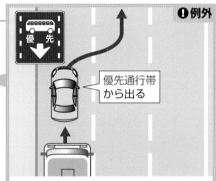

**❶例外** 路線バスなどが<u>接近</u>してきたときは、すみやかにその通行帯から<u>出なければならない</u>（<u>小型特殊自動車</u>、<u>原動機付自転車</u>、<u>軽車両</u>を除く）

---

**みんなどこで間違える？**

❊普通自動車は、原則としてバス専用通行帯を通行できないが、路線バス等優先通行帯は通行できる。

## 13 緊急自動車の優先

▼ひっかけ問題

**問1**
□□□
一方通行の道路で緊急自動車が近づいてきたときは、必ず道路の左側に寄って進路を譲らなければならない。

▼ココで覚えよう

**問2**
□□□
消防自動車や救急車などサイレンを鳴らし、赤色の警告灯をつけて緊急用務のため運転中の自動車を、「緊急自動車」という。

**問3**
□□□
交差点やその付近でないところで緊急自動車が近づいてきたときは、徐行しなければならない。

**問4**
□□□
🔖🔖🔖
交差点や交差点付近で緊急自動車が接近してきたときは、交差点を避け、道路の左側に寄り、一時停止しなければならない。

▼ひっかけ問題

**問5**
□□□
図で、BやCの指定された通行帯を通行中の車は、緊急自動車が後方から接近してきても、通行区分に従い進路を変更する必要はない。

## 14 路線バスなどの優先

**問1**
□□□
普通乗用自動車で走行中、路線バスなどの優先通行帯が設けられている道路で、優先通行帯を通行して左折した。

▼ココで覚えよう

**問2**
□□□
路線バスが停留所で発進の合図をしているとき、急ブレーキや急ハンドルで避けなければならない場合を除いて、その発進を妨げてはならない。

▼ひっかけ問題

**問3**
□□□
停留所に路線バスが止まっているときは、路線バスが発進するまでその横を通過してはならない。

**問4**
□□□
🔖🔖
普通自動車であっても、路線バスの通行を妨げなければ、図の標識のある通行帯を通行してもよい。

**問5**
□□□
🔖🔖🔖
図の標示がある通行帯は、一般の車も通行することができるが、路線バスが近づいてきたときは、普通自動車はすみやかにそこから出なければならない。

48

左側に寄るとかえって妨げとなるときは、右側に寄って進路を譲ります。

 緊急自動車とは、設問のとおりです。ただし交通取締りに従事する緊急自動車は、サイレンを鳴らさない場合もあります。

 徐行の義務はなく、道路の左側に寄って進路を譲ります。

 一時停止をして、緊急自動車に進路を譲らなければなりません。

 緊急自動車に進路を譲るときは、通行区分に従わなくてもかまいません。

 左折するときは、優先通行帯を通行することができます。

 原則として、バスの発進を妨げてはいけません。

 路線バスの側方通過は、特に禁止されていません。

 路線バスの専用通行帯は、バスの通行を妨げなくても、普通自動車は原則として通行できません。

 路線バス等優先通行帯では、バスなどが近づいてきたら、そこから出て他の通行帯へ移ります。

---

**一緒に覚えよう**

**主な緊急自動車**

- 消防自動車
- 救急車
- パトカー
- 白バイ
- 応急作業車

---

**一緒に覚えよう**

**「路線バスなど」とは?**

- 路線バス
- 通学・通園バス
- 通勤送迎バス(公安委員会が指定したものに限る)

道路の通行ルール　　　　　　　　　　　　　　　　　　　重要度 ★★☆

# 15 速度と停止距離

## ▶ 自動車と原動機付自転車の法定速度 □□

| 自動車の最高速度 | けん引するときの最高速度 | |
|---|---|---|
| **60**km/h | けん引するための構造と装置のある自動車で、けん引されるための構造と装置のある自動車をけん引するとき | **60**km/h |
| | 車両総重量2000kg以下の車を、その3倍以上の車両総重量の車でけん引するとき | **40**km/h |
| | 上記以外の場合に、故障車などをけん引するとき | **30**km/h |
| 原動機付自転車の最高速度 | けん引するときの最高速度 | |
| **30**km/h | 原動機付自転車でリヤカーをけん引するとき（総排気量125cc以下の自動二輪車でほかの車をけん引するときも同じ） | **25**km/h |

## ▶ 車が停止するまでの距離 □□

| **空走距離** | + | **制動距離** | = | **停止距離** |
|---|---|---|---|---|
| 運転者が危険を感じてブレーキをかけ、実際にブレーキが効き始めるまでの間に車が走る距離 | | ブレーキが効き始めてから車が停止するまでの距離 | | 空走距離と制動距離を合わせた距離 |

運転者が疲れているときは、危険を感じて判断するまでに時間がかかるので、空走距離が長くなります

路面が雨に濡れているとき、重い荷物を積んでいるときは、制動距離が長くなります

路面が雨に濡れ、タイヤがすり減っているときの停止距離は、路面が乾燥していてタイヤの状態がよいときに比べて、2倍程度に延びることがあります

**みんなどこで間違える？**

※法定速度とは、標識や標示で指定されていないときの最高速度。
※規制速度とは、標識や標示で指定されているときの最高速度。

道路の通行ルール　　　　　　　　　　　　　　　重要度 ★★★

# 16 徐行の意味と徐行場所

## ▶徐行の意味と目安になる速度 □□

徐行とは、車がすぐに<u>停止できる</u>ような速度で進行することをいう

ブレーキをかけてから、おおむね<u>1</u>メートル以内で停止できるような、時速<u>10</u>キロメートル以下の速度が目安

## ▶徐行しなければならない場所 □□

「<u>徐行</u>」の標識がある場所

左右の<u>見通し</u>がきかない交差点。ただし、<u>交通整理</u>が行われている場合や、<u>優先道路</u>を通行している場合を除く

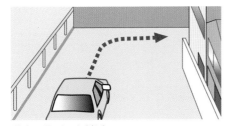

道路の<u>曲がり角</u>付近

上り坂の<u>頂上</u>付近、こう配の急な<u>下り坂</u>

**みんなどこで間違える？**

※道路の曲がり角付近は、見通しがよい悪いにかかわらず徐行しなければならない。

## 15 速度と停止距離

**問1**
□□□
🏷🏷🏷
運転者が危険を感じ、ブレーキを踏んでからブレーキが効き始めるまでに走る距離を制動距離という。

▼ココで覚えよう

**問2**
□□□
決められた速度の範囲内であっても、道路や交通の状況、天候や視界などをよく考えて安全な速度で走行するのがよい。

**問3**
□□□
車両総重量が2000キログラム以下の車を、その3倍以上の車両総重量の車でけん引するときの最高速度は、時速40キロメートルである。

**問4**
□□□
路面が雨に濡れ、タイヤがすり減っている場合の停止距離は、乾燥した路面でタイヤの状態がよい場合に比べて、2倍程度に長くなることがある。

▼ひっかけ問題

**問5**
□□□
図の標識は、自動車と原動機付自転車の最高速度が時速50キロメートルであることを示している。

50

## 16 徐行の意味と徐行場所

▼ココで覚えよう

**問1**
□□□
左右の見通しがきかない交差点（交通整理が行われている場合や、優先道路を通行している場合を除く）では徐行しなければならないが、交通の状況によって一時停止が必要な場合もある。

**問2**
□□□
徐行とは、走行中の速度を半分に落とすことである。

**問3**
□□□
上り坂の頂上付近であっても、徐行の標識がなければ、徐行しないで通行してよい。

**問4**
□□□
🏷🏷
道路の曲がり角付近は、見通しがよい悪いにかかわらず、徐行しなければならない。

**問5**
□□□
図の標識があるところでは、徐行しなければならない。

徐行
SLOW

**文章** 制動距離ではなく、空走距離といいます。

 交通の状況や天候などを考慮し、安全な速度で走行します。

 **数字** 設問の場合の法定最高速度は、時速40キロメートルです。

 路面やタイヤの状態が悪いと、停止距離が長くなります。

 **標識** 原動機付自転車は、時速30キロメートルを超えてはいけません。

---

**一緒に覚えよう**

**他車をけん引するときの最高速度**

●車両総重量2000キログラム以下の故障車を、その3倍以上の車両重量の車でけん引するとき
…時速40キロメートル

●上記以外の場合で、故障車をけん引するとき
…時速30キロメートル

●総排気量125cc以下の普通自動二輪車、原動機付自転車でほかの車をけん引するとき
…時速25キロメートル

---

 **例外** 「一時停止」の標識などがある場合は、それに従います。

 徐行とは、車がすぐ停止できるような速度で進行することをいいます。

 上り坂の頂上付近は、標識がなくても徐行しなければなりません。

 道路の曲がり角付近は、見通しに関係なく、徐行場所として指定されています。

 **標識** 「徐行」を表し、徐行すべき場所なので、すぐに停止できるような速度で進行します。

---

**一緒に覚えよう**

**「優先道路」とは？**

①下の標識のある道路

②交差点の中まで中央線などの標示がある道路

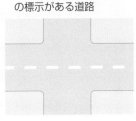

# 17 交差点の通行方法

## ▶ 左折の方法 □□

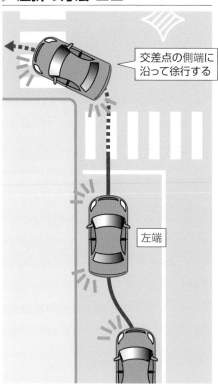

交差点の側端に沿って徐行する

左端

あらかじめ道路の左端に寄り、交差点の側端に沿って徐行しながら左折する

## ▶ 右折の方法 □□

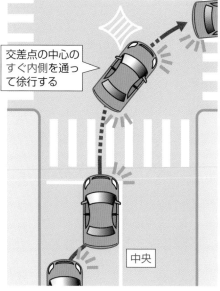

交差点の中心のすぐ内側を通って徐行する

中央

あらかじめ道路の中央に寄り、交差点の中心のすぐ内側を通って徐行しながら右折する

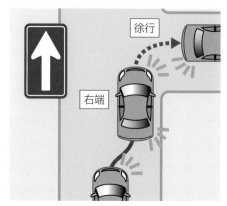

徐行

右端

一方通行の道路では、あらかじめ道路の右端に寄り、交差点の中心の内側を徐行しながら右折する

## ▶ 環状交差点の通行方法　□□

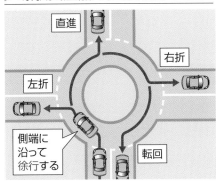

左折、右折、直進、転回をしようとするときは、あらかじめできるだけ道路の左端に寄り、環状交差点の側端に沿って徐行しながら通行する

## ▶ 交差点内の通行を妨げない　□□

環状交差点に入ろうとするときは、徐行するとともに、環状交差点内を通行する車や路面電車の進行を妨げてはいけない

### ●環状交差点とは
車両が通行する部分が環状（円形）の交差点であり、右図の「環状の交差点における右回り通行」の標識によって車両が右回りに通行することが指定されているものをいう

## ▶ 原動機付自転車の二段階右折の方法　□□

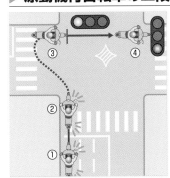

①あらかじめ道路の左端に寄り、交差点の30メートル手前で右折の合図をする
②青信号で徐行しながら交差点の向こう側まで進む
③渡り終えたら右に向きを変え、合図をやめる
④前方の信号が青になってから進行する

## ▶ 二段階右折しなければならない交差点　□□

❶ 交通整理が行われていて、右図の「原動機付自転車の右折方法（二段階）」の標識がある交差点

❷ 交通整理が行われていて、車両通行帯が3つ以上の交差点

## ▶ 自動車と同じ方法で右折しなければならない交差点　□□

❶ 右図の「原動機付自転車の右折方法（小回り）」の標識がある交差点

❷ 交通整理が行われていて、車両通行帯が2つ以下の交差点

❸ 交通整理が行われていない交差点

# 18 信号がない交差点の通行方法

## ▶優先道路が指定されている交差点では □□

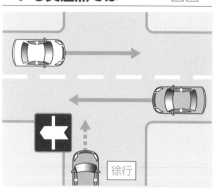

優先道路を通行している車や路面電車の進行を妨げてはいけない

## ▶道幅が異なる交差点では □□

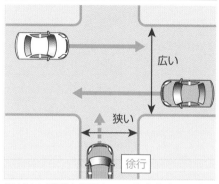

幅が広い道路を通行している車や路面電車の進行を妨げてはいけない

## ▶道幅が同じような交差点では □□

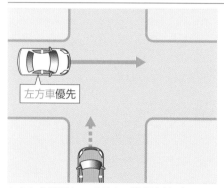

左方から進行してくる車の進行を妨げてはいけない

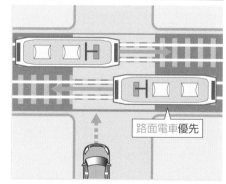

左右どちらから来ても、路面電車の進行を妨げてはいけない

### みんなどこで間違える？

※道幅が違う道路では、広い道路が優先となる。
※道幅が同じ道路では、左方向からくる車が優先となる。

**▼ひっかけ問題**

**問1** □□□
一方通行の道路で右折するときは、あらかじめ道路の中央に寄り、交差点の中心の内側を徐行しなければならない。

×

あらかじめ道路の<u>右端</u>に寄り、交差点の中心の<u>内側</u>を徐行します。

**▼ココで覚えよう**

**問2** □□□ 🖊🖊
交差点で右折しようとして自分の車が先に交差点内に入っているときは、前方からくる直進車や左折車よりも先に通行することができる。

×

たとえ先に交差点に入っていても、直進や左折車の進行を<u>妨げてはいけません</u>。

**▼ココで覚えよう**

**問3** □□□
交差点を左折する場合は、左後方が見えにくいので、歩行者や自転車などの巻き込み事故を起こさないよう、十分注意をしなければならない。

○

<u>左折</u>するときは、歩行者や自転車などを<u>巻き込まない</u>ように十分注意して運転する必要があります。

**問4** □□□ 🖊🖊
図の標識のある交差点で右折する原動機付自転車は、自動車と同じ方法で右折できる。

○

「<u>原動機付自転車の右折方法（小回り）</u>」を表し、<u>自動車と同じ方法</u>で右折します。

**問1** □□□
道幅が同じような道路の交差点では、路面電車や左方からくる車があるときは、その路面電車や車の進行を妨げてはならない。

○

<u>路面電車</u>や<u>左方</u>からくる車の進行を妨げてはいけません。

**▼ひっかけ問題**

**問2** □□□
優先道路を通行しているときは、優先道路と交差する道路から出てくる車は必ず停止するので、特に注意する必要はない。

×

<u>安全確認</u>や<u>徐行</u>をしないで進入してくる車もあるので、十分注意が<u>必要</u>です。

**問3** □□□ 🖊🖊
交通整理の行われていない交差点で、狭い道路から広い道路に入るときは、徐行して広い道路を通行する車の進行を妨げないようにする。

○

徐行して、<u>広い道路を通行する車</u>の進行を妨げてはいけません。

**問4** □□□ 🖊🖊🖊
図のような道幅が同じ交差点では、B車はA車の進行を妨げてはならない。

×

左方を走行する<u>B</u>車が優先です。<u>A</u>車は<u>B</u>車の進行を妨げてはいけません。

道路の通行ルール　　　　　　　　　　　　重要度 ★★☆

# 19 駐車と停車の意味

## ▶「駐車」になる行為 □□

人や荷物を<u>待つ</u>ための車の停止

5分を<u>超える</u>荷物の積みおろしのための車の停止

故障など<u>継続的</u>な車の停止

## ▶「停車」になる行為 □□

人の<u>乗り降り</u>のための車の停止

車から離れない5分<u>以内</u>の荷物の積みおろしのための車の停止

車から離れてもすぐ<u>運転でき</u>る状態での車の停止

> **みんなどこで間違える？**
> ※ 荷物の積みおろしは、5分以内は「停車」、5分を超えると「駐車」になる。
> ※ 人の乗り降りのための停止は「停車」、人待ちの停止は「駐車」になる。

道路の通行ルール　　　　重要度 ★★☆

# 20 駐停車の方法

### ▶歩道や路側帯のない道路では □□

道路の左端に沿って駐停車する

### ▶歩道のある道路では □□

車道の左端に沿って駐停車する

### ▶幅の狭い路側帯のある道路では □□

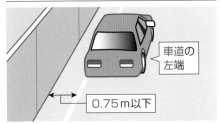

幅が0.75メートル以下の場合は、路側帯に入らず車道の左端に沿って駐停車する

### ▶幅の広い路側帯のある道路では □□

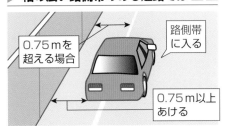

白線1本で幅が0.75メートルを超える場合は、路側帯に入り、車の左側に0.75メートル以上の余地を残して駐車する

### ▶2本線の路側帯のある道路では □□

白線の破線と実線は「駐停車禁止路側帯」を意味し、路側帯に入って駐停車できない

白線2本は「歩行者用路側帯」を意味し、路側帯に入って駐停車できない

**みんなどこで間違える？**

❋道路に平行して駐停車している車に平行して止める「二重駐停車」は禁止されている。

**問1**
□□□
10分以内の荷物の積みおろしのための停止は、すぐに運転できる状態であれば、駐車にはならない。

**問2**
□□□
🏷🏷
駐車とは、車が継続的に停止することや、運転者が車から離れていてすぐに運転できない状態で停止することをいう。

**問3**
□□□
🏷🏷🏷
人の乗り降りや5分以内の荷物の積みおろしのための停止は、停車ではなく駐車である。

▼ココで覚えよう

**問4**
□□□
違法な駐車車両は、交通の妨害、交通事故の原因、緊急車両の妨害など、交通上や社会生活上に大きな障害となる。

▼ひっかけ問題

**問5**
□□□
駐車禁止場所で車を止め、運転者が車から離れても、5分以内に戻れば駐車違反にならない。

**20** 駐停車の方法

**問1**
□□□
図の標識のあるところでは、車を止めるとき、道路の端に対して平行に駐車しなければならない。

▼ココで覚えよう

**問2**
□□□
🏷
駐車するとき、車の右側の道路上に3.5メートル以上の余地がない場所では、原則として駐車することができない。

▼ひっかけ問題

**問3**
□□□
歩道や路側帯のない道路で駐車や停車をするときは、車の左側に0.75メートル以上の余地をあけ、歩行者の通行を妨げないようにしなければならない。

**問4**
□□□
🏷🏷🏷
路側帯の幅が0.75メートル以下の道路では、路側帯に入らずに、車道の左端に駐車する。

**問5**
□□□
図のある場所では、パーキング・メーターを作動させたときから、60分を超えて駐車してはならない。

<u>5</u>分を超える荷物の積みおろしは、駐車に該当します。

 客待ち、荷待ち、<u>5</u>分を超える荷物の積みおろし、故障なども、<u>駐車</u>に該当します。

 人の乗り降りや<u>5</u>分以内の荷物の積みおろしのための停止は、<u>停車</u>に該当します。

 違法な駐車車両は、さまざまな<u>障害</u>になります。

 車から離れて<u>すぐに運転できない</u>状態は、時間に関係なく<u>駐車</u>になります。

 「<u>平行駐車</u>」を表し、道路の端に対して<u>平行</u>に駐車しなければなりません。

 荷物の積みおろしですぐ運転<u>できる</u>場合や、傷病者の<u>救護</u>のためやむを得ない場合以外は<u>3.5</u>メートル以上の余地が必要です。

 道路の<u>左端</u>に沿って止め、車の<u>右</u>側の余地を多くとるようにします。

 路側帯の幅が<u>0.75</u>メートル<u>以下</u>の道路では、そこに入らず、車道の<u>左端</u>に沿って駐車します。

 「<u>時間制限駐車区間</u>」の標識で、<u>60</u>分以内の駐車ができます。

**一緒に覚えよう**

## 荷物の積みおろしについて

- <u>5</u>分を<u>超える</u>場合…駐車
- <u>5</u>分<u>以内</u>の場合…停車

**一緒に覚えよう**

## 路側帯が２本のとき

２本の路側帯の中に入ってはいけない。

- 実線と破線の場合…
「駐停車禁止路側帯」

- 実線が２本の場合…
「歩行者用路側帯」

道路の通行ルール

重要度 ★★★

# 21 駐停車禁止場所

## ▶駐車も停車も禁止されている場所 □□

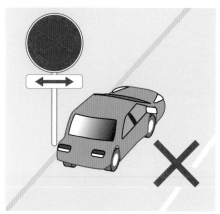

「駐停車禁止」の標識・標示のある場所

軌道敷内

坂の頂上付近、こう配の急な坂

トンネル

**みんなどこで間違える?**

※駐停車禁止場所は、全部で10か所ある。

※こう配の急な坂は、上りも下りも駐停車禁止である。

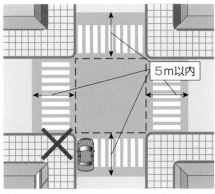

交差点と、その端から<u>5</u>メートル<u>以内</u>の場所

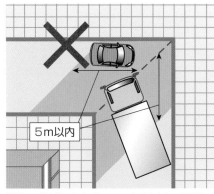

道路の曲がり角から<u>5</u>メートル<u>以内</u>の場所

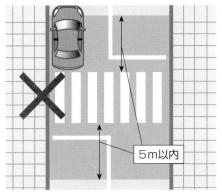

横断歩道や自転車横断帯と、その端から<u>前後</u>
<u>5</u>メートル<u>以内</u>の場所

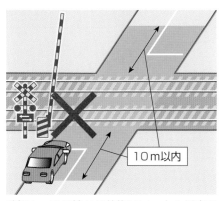

踏切と、その端から<u>前後10</u>メートル<u>以内</u>の
場所

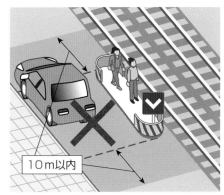

安全地帯の左側と、その<u>前後10</u>メートル<u>以</u>
<u>内</u>の場所

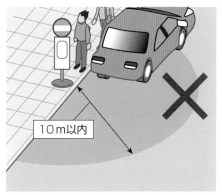

バス、路面電車の停留所の標示板（標示柱）
から<u>10</u>メートル<u>以内</u>の場所（運行時間中のみ）

道路の通行ルール　　　　　　　　　　　重要度 ★★★

# 22 駐車禁止場所

## ▶駐車が禁止されている場所　□□

「駐車禁止」の標識・標示のある場所

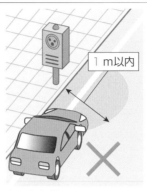

1 m以内

火災報知機から1メートル以内の場所

3 m以内

駐車場、車庫などの自動車専用の出入り口から3メートル以内の場所

5 m以内

道路工事の区域の端から5メートル以内の場所

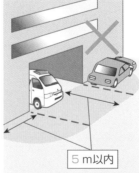

5 m以内

5 m以内

消防用機械器具の置場、消防用防火水槽、これらの道路に接する出入り口から5メートル以内の場所

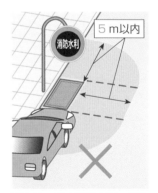

5 m以内

消防水利

消火栓、指定消防水利の標識のある位置、消防用防火水槽の取り入れ口から5メートル以内の場所

> **みんなどこで間違える?**
> ❋駐車禁止場所でも、「警察署長の許可を受けたとき」は駐車することができる。
> ❋歩道縁石の黄色い破線は「駐車禁止」の意味である。

問1
□□□
✎✎

図の標識は、駐車禁止を表している。

✕

「駐停車禁止」を表す規制標識です。

---

問2
□□□
✎✎

トンネル内は、道幅や通行帯に関係なく駐停車禁止である。

○

トンネル内は、駐停車禁止場所に指定されています。

---

▼ひっかけ問題

問3
□□□

道路工事の区域の端から5メートル以内の場所は、駐車も停車も禁止されている。

✕

設問の場所は、駐車は禁止されていますが、停車は禁止されていません。

---

▼ココで覚えよう

問4
□□□
✎✎✎

普通自動二輪車は車体が小さいので、坂の頂上付近であっても駐車や停車をしてもよい。

✕

二輪車であっても、坂の頂上付近は駐停車禁止です。

---

問1
□□□
✎✎

駐車場の出入り口から3メートル以内の場所は、駐停車が禁止されている。

✕

設問の場所は、駐車は禁止されていますが、停車は禁止されていません。

---

▼ひっかけ問題

問2
□□□

消火栓や指定消防水利の標識が設けられている位置から5メートル以内の場所では、駐車をしてはならない。

○

設問の場所では、駐車をしてはいけません。

---

▼ひっかけ問題

問3
□□□
✎✎

駐車場や車庫などの出入り口から3メートル以内の場所には駐車をしてはならないが、自宅の車庫の出入り口であれば駐車することができる。

✕

自宅の車庫の出入り口でも駐車してはいけません。

---

問4
□□□
✎✎✎

図の標識のあるところの手前（こちら側）であれば、午前8時から午後8時の間であっても駐車することができる。

○

「8時から20時まで駐車禁止区間の始まり」を表すので、駐車できます。

65

# 23 追い越しのルール

## ▶ 追い越しと追い抜きの違い □□

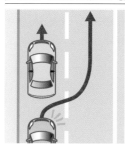

追い越しは、車が進路を変えて、進行中の前車の前方に出ることをいう

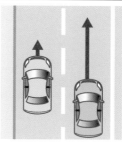

追い抜きは、車が進路を変えないで、進行中の前車の前方に出ることをいう

## ▶ 車を追い越すとき □□

前車を追い越すときは、その右側を通行する

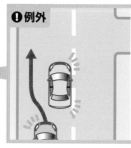

**❶ 例外**

前車が右折するため、道路の中央（一方通行路では右端）に寄っているときは、その左側を通行する

## ▶ 路面電車を追い越すとき □□

路面電車を追い越すときは、その左側を通行する（軌道が左端に寄っている場合を除く）

## ▶ 安全な側方間隔を保つ □□

後方などの安全を確かめ、追い越そうとする車の側方に安全な間隔を保って通行する

安全な間隔

**みんなどこで間違える？**

※ 道路の左側部分の幅が6メートル以上の道路では、右側部分にはみ出して追い越してはいけない。

※ 車両通行帯のある道路で追い越しをする場合は、すぐ右側の通行帯を通行する。

道路の通行ルール 　　　　　　　　　　　　重要度 ★★★

# 24 追い越し禁止場所

## ▶追い越しが禁止されている場所 □□

「追越し禁止」の標識がある場所

道路の曲がり角付近

上り坂の頂上付近とこう配の急な下り坂

車両通行帯のないトンネル

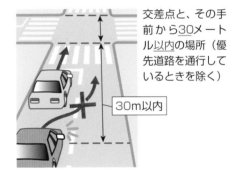

交差点と、その手前から30メートル以内の場所（優先道路を通行しているときを除く）

30m以内

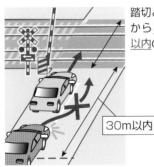

踏切と、その手前から30メートル以内の場所

30m以内

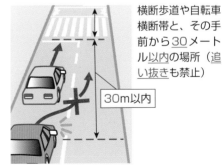

横断歩道や自転車横断帯と、その手前から30メートル以内の場所（追い抜きも禁止）

30m以内

**みんなどこで間違える？**

※前の車が右側に進路変更しようとしているときは、追い越しをしてはならない。
※対向車や前の車の進行を妨げるときは、追い越しが禁止されている。

## 23 追い越しのルール

▼ココで覚えよう

**問1**
□□□
追い越しは、運転操作が複雑になるので、運転に自信があっても無理に追い越しはしないことが大切である。

**問2**
□□□
車が進路を変えないで進行中の前の車の前方に出る行為を、追い越しという。

**問3**
□□□
自動車は、前の車が右折などのために進路を変えようとしているときは、これを追い越してはならない。

▼ココで覚えよう

**問4**
□□□
ほかの車に追い越されるときは、追い越しが終わるまで速度を上げてはならない。

▼ひっかけ問題

**問5**
□□□
標識により追い越しが禁止されているところでは、普通自動車が自転車を追い越すことも禁止されている。

## 24 追い越し禁止場所

**問1**
□□□
図の標識のある場所であっても、道路の右側にはみ出さなければ追い越しをしてもよい。

▼ひっかけ問題

**問2**
□□□
横断歩道や自転車横断帯とその手前から30メートルの間は、追い越しが禁止されているが、追い抜きは禁止されていない。

**問3**
□□□
交差点の手前30メートル以内の場所では、優先道路を通行している場合であっても、追い越しが禁止されている。

**問4**
□□□
車両通行帯のないトンネルでは、追い越しのため進路を変えたり、前車の側方を通過してはならない。

**問5**
□□□
道路の曲がり角付近は、見通しの悪いときに限り、追い越しが禁止されている。

追い越しをする行為は危険を伴うので、決して無理をしてはいけません。

 進路を変えないで進行中の前車の前に出る行為は、追い抜きといいます。一方、進路を変えて進行中の前車の前に出る行為は、追い越しといいます。

 前車が右に進路を変えようとしているときは、これを追い越してはいけません。

 安全な追い越しをさせるため、速度を上げてはいけません。

 追い越し禁止場所では、自転車は追い越すことができます。

 「追越しのための右側部分はみ出し通行禁止」の標識です。右側にはみ出さなければ、追い越しをしてもかまいません。

 歩行者や自転車を保護するため、追い越しと追い抜きの両方が禁止されています。

 優先道路を通行している場合は、例外として追い越しをすることができます。

 車両通行帯のないトンネルは、追い越し禁止場所です。

 設問の場所は、見通しがよい悪いにかかわらず、追い越しが禁止されています。

**一緒に覚えよう**

**あおり運転は
絶対にしないで!**

無理な追い越しや急な進路変更は「あおり運転」につながる危険な行為です。
通行を妨害する目的で次のような10項目の違反をすると、厳罰の対象になります。

①通行区分違反
②急ブレーキ禁止違反
③車間距離不保持
④進路変更禁止違反
⑤追越し違反
⑥減光等義務違反
⑦警音器使用制限違反
⑧安全運転義務違反
⑨最低速度違反（高速自動車国道）
⑩高速自動車国道等駐停車違反

**一緒に覚えよう**

**この標識は?**

「追越し禁止」の標識。右側部分に「はみ出す」「はみ出さない」にかかわらず、追い越しをしてはいけない。

Part2　交通ルール徹底解説＆一問一答

危険な場所・場合のルール　　　　　　　　　　　　　重要度 ★★☆

# 25 踏切の通行

## ▶踏切を通過するとき　□□

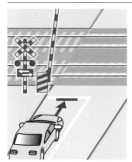

踏切の直前で一時停止し、自分の目と耳で安全を確認しなければならない

信号機のある踏切で青色の灯火を表示しているときは、安全を確認して通過できる

## ▶踏切を通過するときの注意点　□□

警報機が鳴っているとき、遮断機が降りているときや降り始めているときは、踏切に入ってはいけない

踏切の先が混雑していて、そのまま進むと踏切内で動けなくなるおそれがあるときは、踏切に入ってはいけない

踏切内では、エンスト防止のため、発進したときの低速ギアのまま一気に通過する

低速ギア

落輪防止のため、対向車に注意して、踏切のやや中央寄りを通行する

やや中央寄り

**みんなどこで間違える？**

✻踏切手前の信号が青色のときは、一時停止しなくても通過することができる。

危険な場所・場合のルール　　　　　　重要度 ★☆☆

# 26 坂道・カーブの通行

## ▶狭い坂道でほかの車と行き違うとき □□

下りの車が、発進のむずかしい上りの車に道を譲るのが原則

近くに待避所があるときは、近いほうの車が待避所に入って道を譲る

## ▶がけや山道でほかの車と行き違うとき □□

片側が転落の危険のあるがけになっている道路では、がけ側の車が安全な場所に停止して道を譲る

山道では路肩が崩れやすくなっていることがあるので、路肩に寄りすぎない

## ▶下り坂を通行するときの注意点 □□

加速がついて停止距離が長くなるので、車間距離を十分とる

十分な車間距離

長い下り坂では、エンジンブレーキを十分活用する。フットブレーキを使いすぎるとブレーキが効かなくなることがある

低速ギア

---

**みんなどこで間違える？**

✳下り坂では、低速ギアを使ってエンジンブレーキを効かせて通行する。

## 25 踏切の通行

**問1**
□□□
図の標識は、この先に路面電車の停留所があることを表している。

▼ココで覚えよう

**問2**
□□□
遮断機が上がった直後の踏切は、すぐに列車がくることはないので、安全確認をせずに通過した。

▼ココで覚えよう

**問3**
□□□
踏切支障報知装置のない踏切内で車が動かなくなったときは、発炎筒や煙の出やすいものを付近で燃やすなどして合図をするのがよい。

**問4**
□□□
🖊🖊
踏切の前方が混雑している状態のときは、その踏切の手前で停止して、踏切に入ってはならない。

**問5**
□□□
🖊🖊
踏切で信号が青のときは、踏切の手前で一時停止する必要はないが、安全を確かめてから通過しなければならない。

## 26 坂道・カーブの通行

**問1**
□□□
図の標識は、待避所を表しているので、坂道ではたとえ上りの車でも待避所に入って、下りの車の通過を待つようにする。

▼ひっかけ問題

**問2**
□□□
オートマチック車のエンジンブレーキは効果がないので、下り坂を下るときはフットブレーキとハンドブレーキを使って走行する。

**問3**
□□□
🖊🖊
下り坂では、加速度がつき停止距離が長くなるので、車間距離は平地の場合より多めにとるようにする。

**問4**
□□□
狭い坂道で行き違いができないときは、上り坂での発進が難しいので、下りの車が道を譲る。

▼ココで覚えよう

**問5**
□□□
曲がり角やカーブでは、右側にはみ出すと対向車が中央線をはみ出してくることがあるので、できるだけ左側を通行する。

「踏切あり」の標識です。この先に踏切があることを表しています。

 必ず一時停止をして、安全を確認しなければなりません。

 発炎筒や煙の出やすいものを付近で燃やすなどして、一刻も早く列車の運転士に知らせます。

 踏切内で停止するおそれがあるので、踏切に進入してはいけません。

 安全を確かめてから通過しなければなりません。

 待避所のある側の車がそこに入って道を譲ります。

 エンジンブレーキを活用し、フットブレーキは補助的に使用します。

 下り坂は停止距離が長くなるので、車間距離を多めにとります。

 下りの車が停止するなどして、上りの車に道を譲ります。

 対向車がはみ出してくるおそれがあるので、左側を通行します。

## 「踏切支障報知装置」とは？

警報機の柱などに取り付けられている押しボタン式の非常スイッチのこと。

一緒に覚えよう

## エンジンブレーキの効かせ方

①アクセルを緩める。
②低速ギアに入れる（オートマチック車は「2」または「L」に入れる）。

Part2 交通ルール徹底解説＆一問一答

危険な場所・場合のルール　　　　　　重要度 ★★☆

# 27 夜間の通行と灯火のルール

## ▶灯火をつけなければ ならないとき □□

夜間通行するときのほか、昼間でも50メートル（高速道路では200メートル）先が見えないようなとき

## ▶前照灯を 下向きにするとき □□

交通量の多い市街地を走行するとき。また、対向車と行き違うとき、車の直後を通行しているときは、減光するか下向きに切り替える

## ▶夜間、一般道路に駐停車するとき □□

**❶原則** 非常点滅表示灯、駐車灯または尾灯をつける

### ❶例外 灯火類をつけなくてよいとき

道路照明などで50メートル後方から見える場所に駐停車するとき

停止表示器材を置いて駐停車しているとき

**みんなどこで間違える?**

❋夜間とは、日没から日の出までの時間帯をいう。

74

危険な場所・場合のルール　　　　　　　　重要度 ★☆☆

# 28 悪天候時の運転

## ▶雨の日の運転 □□

晴れの日よりも速度を<u>落とし</u>、<u>車間距離</u>を十分とって慎重に運転する

雨の降り始めの舗装道路は<u>スリップ</u>しやすいので注意する。また、工事現場の<u>鉄板</u>や路面電車の<u>レール</u>も滑りやすい

## ▶雪道での運転 □□

タイヤの跡

タイヤチェーンなどの滑り止めをつけ、速度を落とし、車の通った<u>跡（わだち）</u>を走行する

## ▶霧が出たときの運転 □□

<u>前照灯</u>や<u>霧灯</u>を早めにつけ、速度を<u>落とし</u>、危険防止のため必要に応じて<u>警音器</u>を使用する

**みんなどこで間違える？**

❊雨の日は、急ハンドルや急ブレーキを避け、ブレーキは数回に分けて使用する。

❊霧の中を運転するとき、前照灯は下向きにする。

**問1**
□□□
夜間、街路照明がついている明るい道路では、前照灯をつけないで運転してもよい。

▼ココで覚えよう

**問2**
□□□
🔋🔋🔋
夜間、見通しの悪い交差点やカーブの手前では、前照灯を上向きに切り替えるか点滅して、ほかの車や歩行者に自分の車の接近を知らせることが必要である。

**問3**
□□□
🔋🔋
昼間でも、一般道路のトンネルの中や霧のため50メートル先が見えない場所を通行するときは、ライトをつけなければならない。

▼ひっかけ問題

**問4**
□□□
夜間、一般道路で駐停車するときは、後方の見やすいところに停止表示器材を置けば、駐車灯などをつけなくてもよい。

▼ココで覚えよう

**問5**
□□□
夜間、対向車のライトがまぶしいときは、それを見つめて、早くその光に慣れるようにしたほうがよい。

**28** 悪天候時の運転

▼ココで覚えよう

**問1**
□□□
雨が降り続いたり、集中的に降ったりした後の山道などでは地盤が緩んで崩れることがあるので、路肩に寄りすぎないように気をつける。

▼ココで覚えよう

**問2**
□□□
平坦な直線の雪道や凍った道路では、スノータイヤやタイヤチェーンをつけていれば、スリップや横滑りすることはない。

**問3**
□□□
雨の日は、歩行者や通行車両も少なく、ほかの車も注意して運転しているので、晴れの日よりもかえって危険度が低くなる。

▼ひっかけ問題

**問4**
□□□
霧の中を走行するときは、見通しをよくするため、前照灯は上向きにする。

▼ココで覚えよう

**問5**
□□□
🔋🔋🔋
雨の中で高速走行すると、スリップを起こしたり、タイヤが浮いてハンドルやブレーキが効かなくなることがあるが、これを「ハイドロプレーニング現象」という。

周囲が明るくても、夜間は<u>前照灯</u>などをつけて運転<u>しなければなりません</u>。

 ライトを<u>切り替えたり点滅</u>して、自車の接近を<u>知らせます</u>。

### 蒸発現象に注意!

自車と対向車のライトで照らす道路の中央付近は、歩行者や自転車が見えにくくなる。これを「<u>蒸発現象</u>」といい、十分な注意が必要。

 設問のような場合は、昼間でもライトを<u>つけなければなりません</u>。

 **例外** <u>停止表示器材</u>を置けば、駐車灯などをつける必要は<u>ありません</u>。

 視点を<u>やや左前方</u>に移し、目がくらまないようにします。

Part2 交通ルール徹底解説＆一問一答

 地盤が緩んで<u>崩れる</u>ことがあるので、<u>路肩</u>に寄りすぎないように注意します。

### 深い水たまりを走行するとき

深い水たまりを走行すると、ブレーキが効かなくなることがある。このような場合は、ブレーキを<u>軽く数回かけて</u>ブレーキ装置内の水分を蒸発させる。

 <u>チェーン</u>などをつけていても<u>スリップ</u>するおそれがあるので慎重に運転します。

 視界が悪く滑りやすいので、<u>晴れ</u>の日より危険度は<u>高く</u>なります。

 <u>上</u>向きにすると、光が乱反射してかえって見通しが<u>悪く</u>なります。

 雨天の高速走行時は「<u>ハイドロプレーニング現象</u>」に注意しましょう。

# 29 高速道路の走行

## ▶ 高速道路を通行できない車 □□

| 高速道路の種類 ＼ 車の種類 | ミニカー | *小型二輪車 | 原動機付自転車 | 小型特殊自動車 | ほかの車をけん引している車（*トレーラーを除く） |
|---|---|---|---|---|---|
| 高速自動車国道 | ✕ | ✕ | ✕ | ✕ | ✕ |
| 自動車専用道路 | ✕ | ✕ | ✕ | ◯ | ◯ |

✕ 通行禁止　＊小型二輪車とは、総排気量125cc以下、低格出力1.00kw以下の普通自動二輪車
◯ 通行可　　＊トレーラーとは、けん引するための構造と装置を備えた車で、けん引されるための構造と装置を備えた車をけん引している状態の車

## ▶ 高速自動車国道の法定速度 □□

| 最高速度・最低速度 ＼ 車の種類 | 大型乗用自動車 | 中型乗用自動車 | 特定中型貨物以外の中型貨物自動車 | 準中型自動車 | 普通自動車（三輪、けん引を除く） | 大型自動二輪車 | 普通自動二輪車 | 大型貨物自動車 | 特定中型貨物自動車 | 三輪の普通自動車 | 大型特殊自動車 | トレーラー |
|---|---|---|---|---|---|---|---|---|---|---|---|---|
| 最高速度 | 100km/h | | | | | | | 80km/h | | | | |
| 最低速度 | 50km/h | | | | | | | | | | | |

---

**問1** □□□
図の標識は、高速自動車国道または自動車専用道路であることを表している。

◯
「自動車専用」の標識で、高速自動車国道や自動車専用道路であることを表しています。

---

**問2** □□□
高速自動車国道の本線車道における大型自動車の法定最高速度は、すべて時速100キロメートルである。

大型乗用は時速100キロメートルですが、大型貨物は時速80キロメートルです。

# Part 3

# 仮免許・本免許
# 実戦模擬テスト

問題をたくさん解いて、
実力と自信をつけよう!

| | 問題 | 解答 | 解説 |
|---|---|---|---|
| **問1** □□□ | シートベルトを正しくつけることは、運転姿勢を正し、視野が広くなり、疲労が少なくなる。 | ○ | シートベルトを着用すると、設問のような効果が生まれます。 |
| **問2** □□□ | オートマチック車を坂道で駐車する際には、ブレーキペダルを踏んだままハンドブレーキを確実にかけてから、チェンジレバーを「R」か「L」に入れるとよい。 | × | オートマチック車を駐車させるときは、「P」に入れておきます。 |
| **問3** □□□ | 図の標識は、この先が行き止まりなので通行できないことを表している。 | × | 「T形道路交差点」の標識です。この先にT形をした交差点がありますが、通行できない訳ではありません。 |
| **問4** □□□ | 安全な車間距離は、速度が同じであっても、天候、路面、タイヤの状態、荷物の重さなどによって違ってくる。 | ○ | これらの状況を考えて、安全な車間距離を保たなければなりません。 |
| **問5** □□□ | 運転を頼まなければ、これから運転しようとする人に酒を勧めてもかまわない。 | × | これから運転する人に、酒を勧めてはいけません。 |
| **問6** □□□ | 道路の道幅が片側6メートル以上であったので、追い越しをするため中央線をはみ出して通行した。 | × | 片側6メートル以上の道路では、追い越しのため道路の右側部分にはみ出してはいけません。 |
| **問7** □□□ | 図のような手による合図は、徐行か停止を意味している。 | ○ | 腕を斜め下に伸ばす合図は、徐行か停止することを表しています。 |

次の問題を読んで、正しいと思うものについては「○」、
誤りと思うものについては「×」で答えなさい。

| | 問題 | 解答 | 解説 |
|---|---|---|---|
| 問8 □□□ | 信号機のない横断歩道に近づいたところ、横断する人がいないことが明らかであったので、速度を落とさずにそのまま横断歩道を通過した。 | ○ | 横断する人が明らかにいない場合は、そのまま進行することが<u>できます</u>。 |
| 問9 □□□ | 警察署や消防署の前に停止禁止部分の標示があるところでは、車は停止することができないが、それは緊急のときの標示であるから、緊急時以外であれば停止することができる。 | × | 緊急時以外であっても、停止<u>してはいけません</u>。 |
| 問10 □□□ | 右折や左折をする場合は、必ず徐行しなければならない。 | ○ | 右左折するときは、必ず<u>徐行</u>しなければなりません。 |
| 問11 □□□ | 警察官が図のような灯火の信号をしているときは、矢印の方向の交通に対しては、信号機の赤色の灯火の信号と同じ意味である。  | × | 矢印の方向に対しては、<u>黄色</u>の灯火の信号と同じ意味です。 |
| 問12 □□□ | 横断歩道や自転車横断帯の直前に停止車両があるとき、その側方を通過して前方に出るときは、一時停止しなければならない。 | ○ | 停止車両の前方に出る前に<u>一時停止</u>して、<u>安全</u>を確認しなければなりません。 |
| 問13 □□□ | 「警笛鳴らせ」の標識がある場所や、危険を避けるためやむを得ないときは、警音器を鳴らすことができる。 | ○ | <u>指定場所</u>や<u>危険防止</u>のためやむを得ない場合は、使用<u>できます</u>。 |
| 問14 □□□ | 大型自動二輪車や普通自動二輪車は、バス専用通行帯を通行することができる。 | × | 右左折や工事などでやむを得ない場合以外は、通行<u>してはいけません</u>。 |

| | 問題 | 解答 | 解説 |
|---|---|---|---|

**問15** ☐☐☐
図の標識のあるところで、給油のため右折してガソリンスタンドに入った。

✕

「車両横断禁止」の標識であり、右折（右側に横断）することはできません。

---

**問16** ☐☐☐
信号機の青色は「進め」の命令であるから、前方の交通に関係なくただちに発進する。

✕

青信号は「進め」の命令ではなく、前方の状況が混雑しているときなどは発進してはいけません。

---

**問17** ☐☐☐
原動機付自転車を追い越そうとしている普通自動車を追い越すのは、二重追い越しにはならない。

◯

原付車を追い越そうとしているときは、二重追い越しになりません。

---

**問18** ☐☐☐
左折車線を通行中、前車の速度が遅いので、直進車線に移り左折した。

✕

前車の速度が遅くても、直進車線から左折してはいけません。

---

**問19** ☐☐☐
カーブを曲がるときにカーブの手前で速度を落とすのは、高速のままカーブを曲がると、横転や横滑りする危険があるからである。

◯

曲がり角やカーブでは、遠心力が働くので注意が必要です。

---

**問20** ☐☐☐
図の標識のある道路は危険なので、すべての車は通行できない。

✕

「危険物積載車両通行止め」の標識です。危険物を積載する車は通行ができません。

---

**問21** ☐☐☐
一方通行の道路から右側の道路外に出るときは、できるだけ道路の右端に寄って徐行する。

◯

一方通行の道路では、道路の右端に寄って徐行します。

---

**問22** ☐☐☐
交通規則は、みんなが道路を安全、円滑に通行する上で守るべき共通の約束ごとであるから、規則を守ることは、社会人として基本的なことである。

◯

交通規則を守ることにより、交通の混乱や交通事故を減少することができます。

---

**問23** ☐☐☐
標識や標示によって速度制限されていない一般道路では、時速60キロメートルで走行している車を追い越すことができる。

✕

追い越しをするときも、法定最高速度を超えてはいけません。

| | 問題 | 解答 | 解説 |
|---|---|---|---|

**問24** ☐☐☐ 図の標示は「横断歩道」を表し、歩行者が道路を横断するための場所であることを示している。 ○ 「横断歩道」の標示です。歩行者が道路を横断するための場所であることを示しています。

**問25** ☐☐☐ 過労のとき、病気のとき、心配ごとのあるときなどは、注意力が散漫になったり、判断力が衰えたりするため、思いがけない事故を引き起こすことがあるので、運転を控えたほうがよい。 ○ 設問のようなときは、運転に集中できなくなり危険なので運転を控えます。

**問26** ☐☐☐ 急カーブや曲がり角では、スピードを出して進行すると危険であるから、法定速度で通行する。 ✕ その曲がり角に合った安全速度で通行します。

**問27** ☐☐☐ バスの停留所から30メートル以内は、追い越しをしてはならない。 ✕ 追い越しは、特に禁止されていません。

**問28** ☐☐☐ 70歳以上の運転者が普通自動車を運転するときは、車の前と後ろの定められた位置に図のマークをつけるようにする。 ○ 年齢が70歳以上の高齢運転者は、車の前後に「高齢者マーク」をつけるようにします。

**問29** ☐☐☐ チャイルドシートは、その幼児の体格に合った、座席に確実に固定できるものを使用しなければ効果がない。 ○ 幼児の体格に合った、確実に固定できるものを選び、正しく使用します。

**問30** ☐☐☐ 運転者の性格や日常の生活態度は、車の運転に影響をおよぼすことはない。 ✕ 車の運転は、その人の性格や日常の生活態度が大きく影響をおよぼしています。

**問31** ☐☐☐ 前の車を追い越すときは、車が右側に進路を変えようとしている場合を除き、その右側を通行しなければならない。 ○ 追い越すときは、原則として前車の右側を通行しなければなりません。

**問32** ☐☐☐ 図の標識のある道路では、車は、時速30キロメートルを超える速度で走行してはならない。 ○ 時速30キロメートルを越える速度で運転してはいけません。

| | 問題 | 解答 | 解説 |
|---|---|---|---|
| 問33 | 「一時停止」の標識があるときの停止位置は、停止線があるときは停止線の直前、停止線がないときは交差点の直前である。 | ○ | 停止線がない場合は、交差点の直前が正しい停止位置です。 |
| 問34 | 交通量が少ないときは、ほかの道路利用者に迷惑をかけることはないので、自分の利便だけを考えて運転してもよい。 | × | 自分の利便だけを考えて運転してはいけません。 |
| 問35 | 横断や転回が禁止されている一般道路では、後退もすることができない。 | × | 一般道路では、横断や転回が禁止されているところでも後退はできます。 |
| 問36 | 車の停止距離は、路面が雨に濡れたり、タイヤが磨り減っている場合でも、乾燥した路面でタイヤの状態がよい場合と比べるとほとんど変わらない。 | × | 乾燥した路面でタイヤの状態がよい場合に比べ、停止距離は2倍程度長くなります。 |
| 問37 | 図の標識は、積み荷の重さが5.5トンを超える車の通行ができないことを意味している。 | × | 総重量（車の重さ、荷物の重さ、人の重さの合計）が5.5トンを超える車は通行できません。 |
| 問38 | 運転免許証を紛失しても、交付されるまでの間は運転資格があるので、必要なときは運転してもよい。 | × | 免許証の不携帯運転は違反なので、交付されてから運転します。 |
| 問39 | 警察官が標識や標示と違った指示をした場合、その指示に従って運転しなくてもよい。 | × | 警察官と標識や標示の指示が異なるときは、警察官の指示に従わなければなりません。 |
| 問40 | 停留所に止まっていた路線バスが、方向指示器などで発進の合図をしたので、徐行してバスを先に発進させた。 | ○ | 徐行するなどして、バスの発進を妨げないようにします。 |
| 問41 | 図の標識は、車が直進や右折することはできるが、左折することはできないことを表している。 | × | 左折はできますが、直進や右折はできません。 |

| 問題 | 解答 | 解説 |
|---|---|---|

**問42** ☐☐☐ 前車に引き続き交差点を右折する場合、前車がすでに合図をしているときは、右折の合図をしなくてもよい。 ✕ 自車の<u>意思</u>を表示するため、必ず<u>合図</u>をしなければなりません。

**問43** ☐☐☐ 一方通行路では、車は道路の右側部分にはみ出して通行することができる。 〇 反対方向から車が<u>来ない</u>ので、はみ出して通行<u>できます</u>。

**問44** ☐☐☐ 右折するときの合図の時期は、右折しようとするときの約3秒前である。 ✕ 右折しようとする<u>30メートル手前</u>の地点に達したときに合図を行います。

**問45** ☐☐☐ 図の標識のある交差点で右折しようとする原動機付自転車は、二段階右折をしなければならない。 原付 〇 原付車は、<u>二段階</u>の方法で右折しなければなりません。

**問46** ☐☐☐ 自動車を発進するときは、後方から二輪車が接近していても、自動車が優先するので警音器を鳴らし注意を与えて発進する。 ✕ 発進するときは、後方から接近してくる車の進行を<u>妨げては</u>いけません。

**問47** ☐☐☐ こう配の急な下り坂では、加速にはずみがつき、危険であるのでほかの車を追い越してはならない。 〇 こう配の急な<u>下り</u>坂は、<u>追い越し</u>禁止場所に指定されています。

**問48** ☐☐☐ 交差点や交差点付近以外の道路で緊急自動車が近づいてきたときは、道路の左側に寄って進路を譲らなければならない。 〇 必ずしも一時停止する<u>必要はなく</u>、道路の<u>左</u>側に寄って進路を譲ります。

**問49** ☐☐☐ 図の標識は、右側部分にはみ出して追い越すことができないことを表している。 〇 「<u>追越しのための右側部分はみ出し通行禁止</u>」の標識です。

**問50** ☐☐☐ 車を運転するときは、運転操作に支障がなく活動しやすい服装をして、げたやハイヒールをはいて運転してはいけない。 〇 <u>活動</u>しやすい服装をして、げたやハイヒールをはいて<u>運転してはいけません</u>。

| 問題 | 解答 | 解説 |
|---|---|---|

**問1** □□□ 自己中心的な運転をすると、他人に危険を与えるだけでなく、自分も危険になる。

○

自己中心的な運転は、他人だけでなく、自分にも危険が生じることになります。

**問2** □□□ 進路が渋滞しており、そのまま進むと交差点内で停止するおそれがあるときは、たとえ青信号でも交差点の手前で停止していなければならない。

○

青信号であっても、交差点内で停止するおそれがあるときは、交差点に進入してはいけません。

**問3** □□□ 図の標示は、路面電車の停留所であることを表している。

×

「安全地帯」の標示です。路面電車の停留所は、これとは別の標示があります。

**問4** □□□ 見通しのよい道路の曲がり角付近では、徐行しなくてもよい。

×

たとえ見通しがよくても、徐行しなければなりません。

**問5** □□□ 車の運転行動は、認知、判断、操作の繰り返しであり、交通事故を防ぐには、常に危険を予測した運転をするように心がけることが必要である。

○

常に危険を予測した運転を心がける必要があります。

**問6** □□□ トンネルの中は、車両通行帯の有無に関係なく、追い越しが禁止されている。

×

トンネルの中は、車両通行帯のないときに限って追い越し禁止です。

**問7** □□□ 交通整理の行われていない図のような交差点では、原動機付自転車は左方の普通自動車に進路を譲らなければならない。

広い
狭い

×

道幅の広いほうが優先なので、原動機付自転車が先に通行できます。

次の問題を読んで、正しいと思うものについては「○」、誤りと思うものについては「×」で答えなさい。

配点
1問各1点

| | 問題 | 解答 | 解説 |
|---|---|---|---|
| 問8 □□□ | 前方の交差する道路が優先道路である場合は、徐行するとともに、交差する道路を通行する車や路面電車の進行を妨げてはいけない。 | ○ | 優先道路を通行する車や路面電車の進行を妨げてはいけません。 |
| 問9 □□□ | 上り坂の頂上付近での追い越しは、反対方向の車などと出会い頭に衝突するおそれがあるので、禁止されている。 | ○ | 上り坂の頂上付近は、対向車の接近が確認できない地形なので、追い越しが禁止されています。 |
| 問10 □□□ | 車が左折するときの合図を行う時期は、左折しようとする地点から30メートル手前の地点に達したときである。 | ○ | 左折しようとする30メートル手前の地点で合図を行います。 |
| 問11 □□□ | 図の信号のある交差点では、車は右折と転回をすることができる（軽車両と二段階の方法で右折する原動機付自転車は除く）。 青→ | ○ | 車は、右折と転回をすることができます。 |
| 問12 □□□ | 法律で定められている場合や、やむを得ないとき以外は、警音器を鳴らしてはならない。 | ○ | 指定場所とやむを得ないとき以外は、警音器を鳴らしてはいけません。 |
| 問13 □□□ | 交差点の手前で大型トラックが左に合図を出して中央寄りに進路を変えたときは、大回りして左折するかもしれないので、左側方に進入しないようにする。 | ○ | トラックに巻き込まれるおそれがあるので、進入しないようにします。 |
| 問14 □□□ | ガソリンスタンドから出るとき、誘導員の合図があったので、徐行して歩道を横切った。 | × | 誘導員の指示があっても、必ず一時停止しなければなりません。 |

| | | | |
|---|---|---|---|
| 問15 <br> □□□ | 図の標識のあるところでは、自動車や原動機付自転車は進入できないが、自転車であれば進入できる。  | × | 「車両進入禁止」を表します。車両（自転車を含む）は、標識の方向からは<u>進入</u>できません。 |
| 問16 <br> □□□ | 自動車に乗ってからドアを閉めるときは、少し手前で一度止め、力を入れて閉めるようにするほうがよい。 | ○ | 少し手前で一度止め、<u>半ドア</u>にならないように力を<u>入れて</u>閉めます。 |
| 問17 <br> □□□ | 標識で追い越しが禁止されていたが、前方を速度の遅い自動車が走っていたので、進路を変え、その横を通り過ぎて前方に出た。 | × | 前方に遅い車が走っ<u>ていても</u>、追い越し禁止場所では追い越しをして<u>はいけません</u>。 |
| 問18 <br> □□□ | 長距離運転は疲れるので、ひじを窓わくに乗せたり、体を斜めにして運転するとよい。 | × | 正しい運転操作ができるように、正しい<u>運転姿勢</u>を保ちます。 |
| 問19 <br> □□□ | 交差点に図の標示板があるときは、前方の信号が赤色や黄色であっても、自動車や原動機付自転車は他の交通に注意しながら左折できる。  | ○ | 「<u>左折可</u>」の標示板があるときは、ほかの交通に注意しながら<u>左折</u>できます。 |
| 問20 <br> □□□ | 薬は体調をよくするためのものなので、車を運転するときは、どんな薬でも飲んで安全な運転に備える。 | × | <u>睡眠</u>作用のある薬を飲んだときは、車を運転して<u>はいけません</u>。 |
| 問21 <br> □□□ | オートマチック車を駐車するときは、道路の状態や時間に関係なく、チェンジレバーを「P」に入れる。 | ○ | 駐車するときは、チェンジレバーは必ず「<u>P</u>」に入れます。 |
| 問22 <br> □□□ | 運転者はドアをロックし、同乗者が不用意に開けたりしないように注意しなければならない。 | ○ | 運転者には、同乗者の<u>安全</u>を守る義務と責任があります。 |
| 問23 <br> □□□ | 図の標識があるところでは、普通自動車だけが軌道敷内を通行することができる。  | × | 「軌道敷内通行可」の標識のある場所は、普通自動車に限らず、自動車は<u>すべて</u>通行できます。 |

| | 問題 | 解答 | 解説 |
|---|---|---|---|
| 問24 ☐☐☐ | バスの停留所の標示板（柱）から30メートル以内の場所は、追い越しが禁止されている。 | ✕ | 設問の場所は、追い越しが禁止されていません。 |
| 問25 ☐☐☐ | 右折しようとするときは、交差点の直前で道路の中央に寄らなければならない。 | ✕ | 直前ではなく、あらかじめ道路の中央に寄らなければなりません。 |
| 問26 ☐☐☐ | 自動車に荷物を積んだとき、方向指示器が見えなくても、手による合図がほかの車から見て確認できれば運転してよい。 | ✕ | 方向指示器などが見えなくなるような荷物の積み方をしてはいけません。 |
| 問27 ☐☐☐ | 聴覚に障害があることを理由に免許に条件が記載されている運転者が普通自動車を運転するときは、図のマークをつけなければならない。 | ✕ | これは「身体障害者マーク」です。聴覚に障害がある運転者は、別のマークをつけなければなりません。 |
| 問28 ☐☐☐ | 警音器を必要以上に鳴らすことは、騒音になるだけでなく、相手の感情を刺激し、トラブルを起こす原因にもなる。 | ◯ | 警音器をみだりに使用すると、相手の感情を刺激してトラブルの原因になります。 |
| 問29 ☐☐☐ | 前車に続いて踏切を通過するときは、安全が確認できれば一時停止の必要はない。 | ✕ | 必ず一時停止をして、安全を確認しなければなりません。 |
| 問30 ☐☐☐ | 歩行者のそばを通行するときは、歩行者との間に十分な間隔をあけるか、徐行しなければならないが、歩行者が路側帯にいるときはその必要がない。 | ✕ | 歩行者が路側帯を通行している場合も、安全な間隔をあけるか徐行しなければなりません。 |
| 問31 ☐☐☐ | 図の標識は、横断歩道と自転車横断帯であることを示している。 | ◯ | 横断歩道と自転車横断帯であることを示しています。 |
| 問32 ☐☐☐ | 「大丈夫だろう」と自分に都合よく考えず、「ひょっとしたら危ないかもしれない」と考えた運転をするほうが安全である。 | ◯ | 危険を予測した運転を心がけるようにします。 |

| 問題 | 解答 | 解説 |
|---|---|---|

**問33** ☐☐☐ 時速40キロメートルで走行中、横断歩道に近づいたときは、横断する人がいるかどうか明らかでないときは、そのまま進行することができる。

× 横断する人がいるかどうか明らかでない場合は、停止できる速度で進行します。

---

**問34** ☐☐☐ 交差点で右折しようとしたとき、対向車のかげに自動二輪車が見えたが、速度も遅く、遠くに見えたのでそのまま進行した。

× 二輪車は遠くに見えても、すぐ接近してくるので一時停止します。

---

**問35** ☐☐☐ 交差点とその付近は、もっとも交通事故の発生が多い場所であるから、交差点の状況に応じてできる限り安全な速度と方法で通過しなければならない。

○ 交差点を通行するときは、右折車や歩行者などに十分な注意が必要です。

---

**問36** ☐☐☐ 車を運転中に図の標識があったので、すぐに停止できるように時速10キロメートル以下に速度を落とした。

徐行 SLOW

○ 「徐行」を表します。徐行とは、おおむね時速10キロメートル以下といわれています。

---

**問37** ☐☐☐ 仮運転免許証の有効期限は、1年間である。

× 仮運転免許証の有効期限は、6か月です。

---

**問38** ☐☐☐ 警察官が手信号により、交差点で両腕を水平に上げているときは、対面する車は右折か左折をしなければならない。

× 赤信号と同じ意味なので、停止位置で停止しなければなりません。

---

**問39** ☐☐☐ 仮運転免許で自動車の練習をするときは、その車を運転することのできる第二種運転免許や第一種運転免許を3年以上受けている者を横に乗せなければならない。

○ 仮運転免許の練習には、設問のような有資格者を同乗させなければなりません。

---

**問40** ☐☐☐ 図の標識のあるところでは、普通自転車以外の車は通行できない。

○ 「自転車および歩行者専用」の標識で、歩行者と普通自転車以外は通行できません。

---

**問41** ☐☐☐ 正しい運転姿勢をとるためのシートの前後の位置は、クラッチを踏み込んだときに、ひざがわずかに曲がる状態に合わせるとよい。

○ 正確な操作をするために、正しい運転姿勢を身につけましょう。

| | 問題 | 解答 | 解説 |
|---|---|---|---|

**問42**
□□□
路面の状況が悪いとき、重い荷物を積んでいるときやタイヤがすり減っているときは、制動距離が長くなる。

○

制動距離が<u>長く</u>なるので、十分注意して走行しましょう。

**問43**
□□□
横断歩道や自転車横断帯のすぐ直前で止まっている車があるときは、そのそばを通って前方に出る前に一時停止をしなければならない。

○

停止車両の前方に出る前に、必ず<u>一時停止</u>しなければなりません。

**問44**
□□□
図の標識は、原動機付自転車の右折が禁止されていることを表している。

×

<u>右折</u>禁止ではなく、原動機付自転車の<u>二段階右折</u>が禁止されています。

**問45**
□□□
進路変更しようとするときは、安全を確認すれば合図をしなくてもよい。

×

自車の意思を表示するため、<u>必ず</u>合図を<u>しなければなりません</u>。

**問46**
□□□
普通乗用自動車で「路線バス等優先通行帯」を通行しているときに、後方から路線バスが近づいてきたので、すみやかに進路変更してほかの通行帯に出た。

○

路線バスが近づいてきたら、<u>すみやかに</u>、ほかの通行帯に<u>出なければなりません</u>。

**問47**
□□□
運転中、眠くなったときは、眠気を防ぐため、窓を開けて新鮮な空気を取り入れたり、ラジオを聞くなど気分転換を図りながら運転する。

×

少しでも<u>眠く</u>なったら、車を安全な場所に止めて<u>休憩</u>します。

**問48**
□□□
図の補助標識は、本標識が表示する交通規制の終わりを表している。

○

「<u>終わり</u>」を表す<u>補助</u>標識で、<u>本</u>標識につけられます。

**問49**
□□□
交差点付近を指定通行区分によって通行しているときは、緊急自動車が接近してきても、進路を譲ることなく通行区分に従って通行しなければならない。

×

緊急自動車に進路を譲ることが<u>優先</u>するので、通行区分に従う必要は<u>ありません</u>。

**問50**
□□□
左折するときは、あらかじめ道路の左端に寄り、交差点の側端に沿って徐行しながら通行する。

○

あらかじめ道路の<u>左</u>端に寄らなければなりません。

| | 問題 | 解答 | 解説 |
|---|---|---|---|

**問1** □□□
車の発進時には、車のまわりをひと回りし、安全を確認してから車に乗る習慣を身につけるとよい。
○
車に乗る前に、車の周囲をよく確認してから発進しましょう。

**問2** □□□
夜間は、まわりが見えにくいので、できるだけ前車に接近し、有効視界を確保するようにしたほうが運転しやすく安全である。
×
前車に接近して走行するのは危険なので、車間距離を多めにとります。

**問3** □□□
図の標識は、表示する交通規制の始まりを示している。
×
図の標識は「一方通行」を示す規制標識です。

**問4** □□□
やむを得ないときは、安全地帯を通行してもよい。
×
安全地帯は、通行してはいけません。

**問5** □□□
車を運転する場合、交通規則を守ることは道路を安全に通行するための基本であるが、事故を起こさない自信があれば必ずしも守る必要はない。
×
たとえ事故を起こさない自信があっても、交通規則は守らなければなりません。

**問6** □□□
止まっている車のそばを通行するときは、車のかげから急に人が飛び出してくることがあるので、前の車との車間距離を十分とって進行するのがよい。
○
前車との車間距離を十分にとり、急な飛び出しに備えます。

**問7** □□□
図のような運転者の手による合図は、徐行か停止をするときの合図である。
×
右折か転回、または右に進路変更するときの合図です。

次の問題を読んで、正しいと思うものについては「○」、
誤りと思うものについては「×」で答えなさい。

配点
1問各1点

| | 問題 | 解答 | 解説 |
|---|---|---|---|
| 問8 □□□ | 制動距離は、雨に濡れた路面では長くなるが、積んだ荷物の重さによって長くなることはない。 | ✕ | 重い荷物を積んでいるときは、制動距離が<u>伸びる</u>ので停止距離はさらに<u>長</u>くなります。 |
| 問9 □□□ | 後方から緊急自動車が近づいてきたとき、路線バス専用通行帯を路線バスが通行していたが、その車線に入って道路の左側に寄り、緊急自動車に進路を譲った。 | ◯ | 緊急自動車に進路を譲るときは、指定された通行帯に従う必要は<u>ありません</u>。 |
| 問10 □□□ | 交差点の手前で車両通行帯が黄色の線で区間されているところでは、ほかの交通がないときは右左折のため進路変更してもよい。 | ✕ | 右左折のため<u>であっても</u>、進路変更は<u>禁止</u>されています。 |
| 問11 □□□ | 図のような警察官の手信号は、矢印の方向の交通に対しては、信号機の青色の矢印の灯火信号と同じ意味である。 | ✕ | 警察官の手信号は、信号機の<u>赤色</u>の灯火信号と同じ意味を表しています。 |
| 問12 □□□ | 運転者は、同乗者がドアを不用意に開けたりしないように注意しなければならない。 | ◯ | 運転者は、同乗者の<u>動向</u>にも注意しなければなりません。 |
| 問13 □□□ | 正面の信号が黄色の点滅を表示しているときは、車は必ず一時停止しなければならない。 | ✕ | ほかの交通に注意して進行することが<u>できます</u>。 |
| 問14 □□□ | オートマチック車を運転中、交差点などで停止するときは、つねにチェンジレバーを「P」にしておく。 | ✕ | <u>ブレーキ</u>ペダルをしっかり踏み、通常は<u>チェンジレバー</u>を「<u>D</u>」のままにしておきます。 |

| | 問題 | 解答 | 解説 |
|---|---|---|---|

**問15**
□□□
図の標示があるところであっても、右左折するための進路変更は禁止されていない。

中央線

×

図の標示は「進路変更禁止」を表しているので、たとえ右左折のためであっても進路変更できません。

**問16**
□□□
自動車が一方通行の道路から右折するときは、あらかじめできる限りその道路の中央に寄り、交差点の内側を通行しなければならない。

×

道路の右端に寄り、交差点の中心の内側を徐行しなければなりません。

**問17**
□□□
通行に支障がある高齢者が歩いているときは、一時停止か徐行して、安全に通行できるようにする。

○

一時停止か徐行して、安全に通行できるようにしなければなりません。

**問18**
□□□
標識や標示で指定されていない一般道路における大型自動二輪車と普通自動二輪車の最高速度は、時速60キロメートルである。

○

二輪車の最高速度は、ともに時速60キロメートルです。

**問19**
□□□
図の標識は、二輪の自動車以外の自動車通行止めを表している。

×

設問の標識は、自動二輪車の二人乗りを禁止することを表しています。

**問20**
□□□
故障車をクレーン車でけん引するときは、けん引免許はいらない。

○

故障車をロープやクレーン車でけん引するときは、けん引免許は必要ありません。

**問21**
□□□
横断歩道や自転車横断帯とその手前から30メートルの間は、追い越しが禁止されているが、追い抜きは禁止されていない。

×

設問の場所では、追い抜きも追い越しも禁止されています。

**問22**
□□□
運転者が危険と感じてブレーキを踏んだとき、そのブレーキが効き始めてから停止するまでの距離を停止距離という。

×

ブレーキが効き始めてから停止するまでの距離は、制動距離です。

**問23**
□□□
図の標識があるところでは、見通しのよい道路の曲がり角であっても、警音器を鳴らさなければならない。

○

「警笛鳴らせ」を表します。見通しがよい悪いにかかわらず、警音器を鳴らさなければなりません。

| 問題 | 解答 | 解説 |
|---|---|---|

**問24** □□□
たばこの吸いがらや紙くずなどは、ほかの道路利用者に危険がないので、走行中の車の窓から投げ捨ててもよい。

×

走行中の車から物を投げ捨ててはいけません。

---

**問25** □□□
児童や幼児が乗り降りのため停止している通学・通園バスの側方を通過するときは、後方で一時停止して安全を確かめなければならない。

×

一時停止の義務はなく、徐行して安全を確かめます。

---

**問26** □□□
混雑している交差点を右折する場合は、対向車の切れ目をぬって最短距離で右折してもかまわない。

×

最短距離ではなく、交差点の中心のすぐ内側を通行します。

---

**問27** □□□
図の標識は、自動車と原動機付自転車が通行できることを表している。

×

「車両（組合せ）通行止め」を表し、自動車と原動機付自転車は通行できません。

---

**問28** □□□
車の重心が高くなったり片寄ったりすると横転しやすくなるので、荷物はできるだけ低く左右に片寄らないように積まなければならない。

○

できるだけ左右均等に積んだほうが安定します。

---

**問29** □□□
交差点を右折するとき、対向車が右折のため交差点の中心付近で停止している場合は、そのかげから直進車などが出てくることがあるので、十分注意が必要である。

○

交差点を右折するときは、対向車のかげから二輪車などが出てくるおそれがあるので注意が必要です。

---

**問30** □□□
歩行者のそばを通るときは、歩行者との間に安全な間隔をあければ徐行しなくてもよい。

○

安全な間隔をあければ、徐行する必要はありません。

---

**問31** □□□
図の標識のある道路では、自動車も原動機付自転車も時速50キロメートルの速度で運転することができる。

×

原動機付自転車は、時速30キロメートルを超えて運転してはいけません。

---

**問32** □□□
違法な駐停車は、付近の交通を混雑させるとともに、道路の見通しを悪くするため、歩行者などの飛び出し事故の原因になる。

○

違法な駐停車は、死角をつくり、交通事故の原因になります。

| | 問題 | 解答 | 解説 |
|---|---|---|---|

| 問33 □□□ | シートベルトは、エアバッグを備えている自動車に乗る場合でも着用しなければならない。 | ○ | エアバック装着車でも、シートベルトは着用しなければなりません。 |

| 問34 □□□ | 右左折の合図は右左折をしようとする地点の30メートル手前で行わなければならない。 | ○ | 30メートル手前で合図をしなければなりません。 |

| 問35 □□□ | 携帯電話は、運転する前に電源を切るかドライブモードに設定して、呼び出し音が鳴らないようにしておく。 | ○ | 運転に集中できなくなるので、あらかじめ電源を切るか呼び出し音が鳴らないようにしておきます。 |

| 問36 □□□ | 図の標識は、車両はすべて通行できないが歩行者は通行してよいことを表している。 | × | 図は「通行止め」の標識で、歩行者、車、路面電車のすべてが通行できません。 |

| 問37 □□□ | 道路に面したガソリンスタンドに入るときは、歩道や自転車道などを横切ることができる。 | ○ | 歩道や自転車道を横切るときは、その直前で一時停止して安全を確かめてから進行します。 |

| 問38 □□□ | 交差点で横の信号が赤色のときは、対面する前方の信号は必ず青色である。 | × | 横の信号が赤色でも、正面の信号は青色であるとは限りません。 |

| 問39 □□□ | 同一方向に車線を変えないまま、続いて左方に進路を変えるときの合図の時期は、その行為をする3秒前である。 | ○ | 進路を変えようとする3秒前に合図を行います。 |

| 問40 □□□ | 図の標識は、仮免許を受けた人が、練習のため道路を運転するときに表示するもので、車の前か後ろのいずれかに表示する。 | × | 「仮免許練習標識」です。車の前と後ろの両方に表示しなければなりません。 |

| 問41 □□□ | 一般道路で標識や標示で最高速度が示されていないときの総排気量660ccの普通自動車の最高速度は、時速60キロメートルである。 | ○ | 普通自動車の法定最高速度は、すべて時速60キロメートルです。 |

| | 問題 | 解答 | 解説 |
|---|---|---|---|

**問42** □□□ 安全地帯のない停留所に路面電車が停止していても、乗り降りする人がいなければ、路面電車との間隔に関係なく徐行して通行できる。 ✕ 間隔が1.5メートル以上とれないときは、後方で停止しなければなりません。

**問43** □□□ 横断歩道や自転車横断帯で一時停止するとき、横断歩道や自転車横断帯に停止線があれば、その線の手前で止まらなければならない。 ◯ 横断歩道や自転車横断帯に停止線があるときは、その手前で停止しなければなりません。

**問44** □□□ 図の補助標識は、交通規制の「始まり」を表している。 ⬅ ✕ 始まりではなく、「交通規制の終わり」を表しています。

**問45** □□□ 徐行とは、速度を時速60キロメールから時速30キロメートルまで減速することである。 ✕ 徐行とは、ただちに停止できるような速度で進行することをいいます。

**問46** □□□ ブレーキの上手なかけ方は、ブレーキをむやみに使わないで、なるべくアクセルの操作で徐々に速度を落としてから止まるようにするとよい。 ◯ アクセルを緩め、徐々に速度を落としてからブレーキをかけて停止します。

**問47** □□□ 運転免許証に記載されている条件欄に「眼鏡等」とある場合は、コンタクトレンズの使用も含まれる。 ◯ 「眼鏡等」の条件には、コンタクトレンズの使用も含まれます。

**問48** □□□ 図の標識は、「学校、幼稚園、保育所などあり」を表している。 ◯ 学校、幼稚園、保育所などがあることを表しています。

**問49** □□□ バス専用通行帯は、小型特殊自動車、原動機付自転車、軽車両は通行することができる。 ◯ 小型特殊自動車、原付車、軽車両は、通行できます。

**問50** □□□ 暗いトンネルや狭いトンネルを通行するときは、右の方向指示器が非常点滅表示灯を点滅させながら運転する。 ✕ 設問のような規定はありません。

| | 問題 | 解答 | 解説 |
|---|---|---|---|

**問1** □□□
助手席にエアバッグを備えている自動車の助手席に、やむを得ず幼児を同乗させるときは、座席をできるだけ前に出し、後ろ向きにチャイルドシートを使用する。
×
座席をできるだけ後ろまで下げ、前向きにして取り付けます。

**問2** □□□
横断歩道や自転車横断帯とその端から前後5メートル以内の場所では、駐車も停車もしてはならない。
○
設問の場所は、駐停車禁止場所として指定されています。

**問3** □□□
図の標識は、原動機付自転車が右折するとき、交差点の側端に沿って通行し、二段階右折をしなければならないことを表している。
○
「原動機付自転車の右折方法（二段階）」を表します。原動機付自転車は、二段階右折の方法で右折しなければなりません。

**問4** □□□
二輪車の前輪ブレーキは制動力が大きいので、停止距離をできるだけ短くするため、ブレーキレバーのあそびがなくなるように調整する。
×
ブレーキレバーには、適度なあそびが必要です。

**問5** □□□
雨の日に運転するときは、道路の地盤が緩んでいることがあるので、路肩に寄りすぎないようにする。
○
道路の端の路肩には寄りすぎないようにします。

**問6** □□□
交通事故を起こしたときは、最初に警察官に報告してから、負傷者の救護をする。
×
事故の続発を防止し、負傷者の救護をしてから警察官に報告します。

**問7** □□□
黄色の灯火の矢印信号は、路面電車だけが矢印の方向に進むことができる。
○
黄色の矢印は、路面電車だけが矢印の方向に進めます。

次の問題を読んで、正しいと思うものについては「○」、誤りと思うものについては「×」で答えなさい。なお、問91〜問95のイラスト問題については、(1) 〜 (3) のすべてが正解しないと得点になりません。

配点
問1〜問90 ：各1点
問91〜問95：各2点

| | 問題 | 解答 | 解説 |
|---|---|---|---|
| 問8 □□□ | 原動機付自転車で交差点を直進するときは、右折しようとする対向車の動きに注意しなければならない。 | ○ | 直進するときは、対向車が自車の存在に気づかず右折してくることがあるので注意が必要です。 |
| 問9 □□□ | 図のような場所では、たとえ前後が安全であっても、A車はB車を追い越してはならない。  | ✕ | 優先道路を通行しているので、安全であれば追い越しができます。 |
| 問10 □□□ | 二輪車を運転してカーブを曲がるときは、身体を傾けると転倒のおそれがあるので、身体はまっすぐに保ってハンドルを操作するのがよい。 | ✕ | 二輪車は、車体を傾けることによって自然に曲がるようにします。 |
| 問11 □□□ | 道路の右側の道路上に3.5メートル以上の余地がなくなるような場所では、どんな場合であっても駐車してはいけない。 | ✕ | 荷物の積みおろしのため運転者がすぐに運転できるときと、傷病者を救護するときは、駐車することができます。 |
| 問12 □□□ | 故障車をロープでけん引する場合、故障車のハンドルなどを操作する者は、その車を運転できる免許を持っていなくてもよい。 | ✕ | 故障車を運転できる免許を持った者でなければなりません。 |
| 問13 □□□ | 昼間、高速道路で車が故障しやむを得ず駐車するときは、非常点滅表示灯をつければ、停止表示器材を置かなくてもよい。 | ✕ | 高速道路では、車の後方に必ず停止表示器材を置かなければなりません。 |
| 問14 □□□ | 暑い季節に二輪車を運転するときは、体の露出部分の多いほうが、疲労をとり安全運転につながる。 | ✕ | 露出が多いとかえって疲労し、転倒時にも危険です。 |

| | 問題 | 解答 | 解説 |
|---|---|---|---|
| 問15 ☐☐☐ | 駐車が禁止されている場所であっても、図の標識のあるところでは、標章車に限って駐車することができる。  | ○ | 高齢運転者などに許可される標章車に限って、駐車することができます。 |
| 問16 ☐☐☐ | 右左折するときの合図には、方向指示器によるものと手による合図がある。 | ○ | ほかの運転者や歩行者に自車の行動を伝えるための合図の方法です。 |
| 問17 ☐☐☐ | 気分が不安定なときやひどく疲れているとき、身体の調子が悪いときは、事故を起こしやすいので運転をしないようにする。 | ○ | 気分や体調が悪いときは、運転に集中できなくなり危険なので、運転をしないようにしましょう。 |
| 問18 ☐☐☐ | 子どもが1人で歩いているそばを通るときは、徐行するだけではなく必ず一時停止をする。 | ✕ | 徐行か一時停止をして、安全に通行できるようにします。 |
| 問19 ☐☐☐ | 濃い霧の中で50メートル後方から見えない場所で駐停車するときは、昼間でも、駐車灯か尾灯をつける。 | ○ | 昼間でも設問のように駐車しなければなりません。 |
| 問20 ☐☐☐ | 車から降りるためドアを開けるときは、まず少し開けて一度止め、前後の安全を確かめる。 | ○ | ドアを少し開けて一度止める動作は、ほかの交通への合図になります。 |
| 問21 ☐☐☐ | 図の標識は、この先の道路の道幅が狭くなることを表している。 | ✕ | 図は「車線数減少」を表し、道幅が狭くなることを意味するものではありません。 |
| 問22 ☐☐☐ | 交通整理を行っている警察官が両腕を横に水平に上げているとき、その背に対面した車は、直進はできないが、右左折はしてよい。 | ✕ | 赤色の信号と同じ意味なので、直進や右左折はできません。 |

| | 問題 | 解答 | 解説 |
|---|---|---|---|

**問23** □□□ 自動車を運転するときは、有効な自動車検査証と自動車損害賠償責任保険証明書、または責任共済証明書を自動車に備えておかなければならない。 ○ 運転前に、書類が備え付けられているか確認しましょう。

**問24** □□□ 違法駐車をすると、道路のほかの利用者に迷惑をかけるだけでなく、歩行者にとっても危険である。 ○ 違法駐車はほかの車や歩行者の危険になるので、してはいけません。

**問25** □□□ 自動二輪車で同乗者用の座席がないものや、原動機付自転車は、二人乗りをしてはならない。 ○ 自動二輪車で同乗者用の座席がないものや、原動機付自転車は二人乗りをしてはいけません。

**問26** □□□ 自動車の保有者は、道路以外の場所に自動車の保管場所を確保し、道路を保管場所として使用してはならない。 ○ 道路を保管場所として使用してはいけません。

**問27** □□□ 正しい運転姿勢は、安全運転の第一歩だから、シートの前後の位置、シートの背などについて正しい位置にきているかどうか、確認する習慣をつける。 ○ シートを正しい位置に調節することは、安全運転につながります。

**問28** □□□ 図の標示は、転回禁止区間がここで終わりであることを表している。 ○ 転回禁止区間がここで終わることを表しています。

**問29** □□□ 前方の交差点の信号は青色であるが、渋滞していてその交差点を通過できないときは、交差点の手前の停止線で一時停止し、交差点に入ってはならない。 ○ 交差点内で停止するおそれがあるときは、信号が青でも進入してはいけません。

**問30** □□□ ビールを飲んだが、近くに急用ができたので、原動機付自転車を運転した。 ✕ 原動機付自転車でも、酒を飲んだら運転してはいけません。

| | 問題 | 解答 | 解説 |
|---|---|---|---|

問31 □□□ 制動距離や遠心力は速度の二乗に比例して大きくなるので、速度が2倍になれば制動距離や遠心力も2倍になる。 ✕ 速度が2倍になれば制動距離や遠心力は4倍になります。

問32 □□□ 交通の円滑を図るためにも、歩行者より運転者の立場を尊重しなければならない。 ✕ 運転者より歩行者の立場を尊重し、保護して運転する必要があります。

問33 □□□ 車がカーブで横転したり道路外へ飛び出したりする原因の多くは、スピードの出しすぎである。 ◯ カーブでの交通事故の多くは、スピードの出しすぎが原因で発生しています。

問34 □□□ 二輪車でブレーキをかけるときは、エンジンブレーキを効かせながら、前輪および後輪のブレーキを同時にかける。 ◯ エンジンブレーキを使い、前後輪ブレーキは同時にかけます。

問35 □□□ 図のように分割できない荷物を積載するときは、出発地の警察署長の許可を受けなくてもよい。 10m 1m ◯ 車の長さの1.2倍以下なので、警察署長の許可は必要ありません。

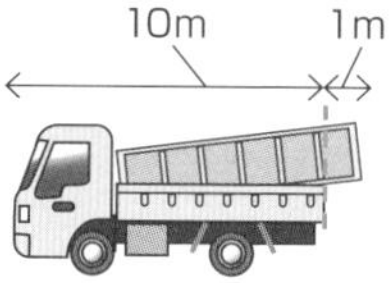

問36 □□□ 本線車道を走行するときは、左側の白線を目安にして、走行車線のやや左寄りを通行するのが安全である。 ◯ 高速道路の本線車道では、左側の白線を目安にして、やや左寄りを通行します。

問37 □□□ 前の車が右折するために、右側に進路を変えようとしているときは、その車の右側を追い越してはならない。 ◯ 対向車と衝突するおそれがあるので、車の右側を追い越してはいけません。

問38 □□□ 「初心者マーク」や「高齢者マーク」をつけている車を、追い越したり追い抜いたりすることは禁止されている。 ✕ 追い越しや追い抜きは、特に禁止されていません。

| | 問題 | 解答 | 解説 |
|---|---|---|---|

**問39** □□□
大型特殊免許を受けていれば、原動機付自転車も運転することができる。
○
原付車と小型特殊自動車も運転できます。

**問40** □□□
変形ハンドルの二輪車は、運転の妨げとなり危険である。
○
変形ハンドルの二輪車は運転してはいけません。

**問41** □□□
ブレーキペダルを数回に分けて踏むと、ブレーキ灯が点滅するので、後続車への合図にもなり、追突事故防止などに役立つ。
○
後続車への合図となり、追突されるのを防止するのに役立ちます。

**問42** □□□
図の標識は、自動車と原動機付自転車が通行できないことを表している。

○
自動車と原動機付自転車が通行できないことを表しています。

**問43** □□□
加速車線から本線車道に合流するときは、前の車よりもむしろ本線車道の後方の車に注意したほうがよい。
○
特に、後方からくる車の接近に十分注意して合流します。

**問44** □□□
普通免許を持っている者は、原動機付自転車を運転して高速自動車国道を通行することができる。
✕
原動機付自転車は、高速道路を通行できません。

**問45** □□□
道路の左端や信号機に左折可の標示板があるときは、横断歩行者よりも左折する車が優先される。
✕
車は、横断する歩行者の通行を妨げてはいけません。

**問46** □□□
雨の日は、窓ガラスが曇り、視界が悪くなるので、側面ガラスを少し開けて外気を取り入れたり、エアコンをつけたりして、窓ガラスの曇りをとるとよい。
○
視界が悪くなり危険なので、設問のような方法で曇りを除去します。

| 問題 | 解答 | 解説 |
|---|---|---|
| **問47** ☐☐☐ たとえ正面衝突のおそれがあっても、道路外へは出てはならない。 | ✕ | 道路外が<u>安全</u>であれば、ためらわず道路外へ<u>出て</u>衝突を避けます。 |
| **問48** ☐☐☐ スーパーマーケットの駐車場に入るとき、誘導員の合図があったので、徐行して歩道を横切った。 | ✕ | 歩道を横切るときは、<u>必ず</u>その直前で<u>一時停止</u>しなければなりません。 |
| **問49** ☐☐☐ 図の標識は、この先に横断歩道があることを示している。 | ✕ | 「<u>歩行者専用</u>」の標識であり、<u>歩行者</u>だけが通行するために設けられた道路を示しています。 |
| **問50** ☐☐☐ オートマチック車を高速で運転中、一気にチェンジレバーをローギアに入れると急激なエンジンブレーキがかかり、車がスピンしたり交通事故を起こしたりする原因となる。 | ◯ | <u>チェンジ</u>レバーを一気に<u>ロー</u>ギアに入れると、急激に<u>エンジンブレーキ</u>がかかり大変危険です。 |
| **問51** ☐☐☐ 大型自動車や普通自動車(ミニカーを除く)は、前面ガラスに検査標章が貼ってあれば、自動車検査証は車に備え付けなくても運転してよい。 | ✕ | 自動車検査証は、車に備え付けて<u>おかなければなりません。</u> |
| **問52** ☐☐☐ 信号機のある踏切では、車は青色の灯火信号に従って、停止することなく通過することができる。 | ◯ | 踏切用の信号が<u>青色</u>のときは、信号に従って通過することが<u>できます。</u> |
| **問53** ☐☐☐ 夜間、見通しの悪い交差点や曲がり角付近では、前照灯を上向きにしたり点滅させたりして、ほかの車や歩行者に接近を知らせれば、徐行する必要はない。 | ✕ | 見通しの悪い交差点や曲がり角付近では、<u>徐行</u>しなければなりません。 |
| **問54** ☐☐☐ 車を運転中、地震の警戒宣言が発せられたので、地震に備えて低速で走行し、カーラジオで地震情報や交通情報を聞いた。 | ◯ | 警戒宣言が発せられたら、ラジオなどで<u>情報を収集</u>します。 |

| | 問題 | 解答 | 解説 |
|---|---|---|---|

**問55** ☐☐☐
踏切では、列車が通過した直後でも、すぐに反対方向から列車がくることがあるので注意しなければならない。
〇
反対方向の安全も確認してから、踏切を通過します。

**問56** ☐☐☐
車は、道路に面した場所に出入りするため、歩道や路側帯を横切る場合は、歩行者の通行を妨げないよう、徐行して通行する。
✕
一時停止して、歩行者の通行を妨げないようにします。

**問57** ☐☐☐
図の標示のあるところに車を止め、5分以内で荷物の積みおろしを行った。
〇
「駐車禁止」を表します。5分以内の荷物の積みおろしは停車に該当するので止めることができます。

**問58** ☐☐☐
児童や幼児が乗り降りする通学・通園バスが停止していたが、子どもの姿が見えなかったので、そのそばをそのままの速度で通過した。
✕
急な飛び出しに備え、徐行して安全を確かめます。

**問59** ☐☐☐
坂道で行き違うとき、近くに待避所があっても、常に上りの車が優先する。
✕
上り下りに関係なく、待避所の近くにいる車がそこに入って進路を譲ります。

**問60** ☐☐☐
交差点を左折する場合は、徐行しながら左後方の安全を確認し、巻き込み事故を起こさないようにする。
〇
直接自分の目で後方の安全を確認し、巻き込み事故を起こさないように注意します。

**問61** ☐☐☐
普通免許を受けていれば、最大積載量3トンのトラックを運転することができる。
✕
普通免許で運転できるのは、最大積載量2トン未満の自動車です。

**問62** ☐☐☐
二輪車を押して歩く場合は、エンジンをかけたままであっても、歩道や横断歩道を通行することができる。
✕
エンジンを切って押して歩かなければ、歩道などは通行できません。

| | 問題 | 解答 | 解説 |
|---|---|---|---|

**問63** □□□ ロープで故障車をけん引する場合、その間は5メートル以内にし、ロープの中央に0.3メートル平方以上の赤い布をつけなければならない。

✕

<u>赤</u>い布ではなく、<u>白</u>い布をつけなければなりません。

**問64** □□□ 図の標識は、この先の道路が曲がりくねっているため、注意して運転する必要があることを表している。

✕

<u>路面が滑りやすい</u>ことを表している警戒標識です。

**問65** □□□ 雨の日、狭い道路で対向車と行き違うときは、できるだけ左側に寄り、路肩を通行したほうがよい。

✕

路肩は軟弱で<u>崩れ</u>やすいので、通行して<u>はいけません</u>。

**問66** □□□ 標識などで駐車が禁止されていない道路であっても、車の右側の道路上に3.5メートル以上の余地がなければ駐車できない。

◯

右側に<u>3.5</u>メートル以上の余地がない場合は、原則として車を止めて<u>はいけません</u>。

**問67** □□□ 右折しようとして先に交差点に入ったときは、反対方向からの直進または左折車に優先して右折できる。

✕

たとえ先に入っても、直進車や左折車の進行を<u>妨げてはいけません</u>。

**問68** □□□ 長い下り坂でフットブレーキを使いすぎると、ブレーキが効かなくなって危険である。

◯

長い下り坂では<u>エンジンブレーキ</u>を使いましょう。

**問69** □□□ 二輪車を選ぶ場合、直線上を押して歩くことができれば、体格に合った車種といえる。

✕

<u>8の字形</u>に押して歩いたり、曲がったとき両足のつま先が届くかどうかも確認しましょう。

**問70** □□□ 図で、Bの車両通行帯を通行する車は、Aの車両通行帯へ進路を変えることはできない。

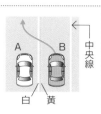

◯

<u>A</u>から<u>B</u>へは進路変更できますが、<u>B</u>から<u>A</u>へは進路変更できません。

| | 問題 | 解答 | 解説 |
|---|---|---|---|
| **問71** ☐☐☐ | シートベルトを着用すると、事故の被害を軽減するのに役立つが、運転の疲労を軽減する効果はない。 | ✕ | シートベルトは、<u>正しい運転姿勢</u>を保つことになるので、疲労の軽減に<u>役立ちます</u>。 |
| **問72** ☐☐☐ | 車とは、自動車と原動機付自転車のことをいい、自転車はこれに含まれない。 | ✕ | <u>軽車両（自転車や荷車など）</u>も車に含まれます。 |
| **問73** ☐☐☐ | 前夜にお酒を飲み二日酔いであったが、運転には自信があったので、車で出勤した。 | ✕ | 少しでも<u>酒</u>が残っていたら、車を運転して<u>はいけません</u>。 |
| **問74** ☐☐☐ | 運転中は、みだりに進路を変えてはならない。 | ◯ | ほかの通行に<u>危険</u>を与え<u>迷惑</u>をかけるので、みだりに変えて<u>はいけません</u>。 |
| **問75** ☐☐☐ | 高速道路の本線車道には、登坂車線も含まれる。 | ✕ | 本線車道は、通常に走行する部分をいい、登坂車線は<u>含まれません</u>。 |
| **問76** ☐☐☐ | 二輪車は機動性に富んでいるが、車の間をぬって走ったりジグザグ走行することは、極めて危険であるばかりでなく、周囲の運転者に不安を与える。 | ◯ | 二輪車は、車の間をぬって走ったりジグザグに走行して<u>はいけません</u>。 |
| **問77** ☐☐☐ | 図の標識のある通行帯は、小型特殊自動車、原動機付自転車、軽車両以外の車は通行することができない。 | ✕ | <u>路線バス</u>などを優先すれば、一般の自動車も通行<u>できます</u>。 |
| **問78** ☐☐☐ | 交差点の中まで中央線や車両通行帯がある道路を、「優先道路」という。 | ◯ | そのほか、「<u>優先道路</u>」の標識がある道路も優先道路です。 |

| | 問題 | 解答 | 解説 |
|---|---|---|---|

**問79** ☐☐☐
原動機付自転車とは、エンジンの総排気量が50cc以下の二輪のものをいい、三輪のものは原動機付自転車ではない。
×
三輪の原動機付自転車もあります。ピザ屋の宅配便などに使用され、スリーターと呼ばれています。

**問80** ☐☐☐
長距離運転するときは、自分にあった運転計画を立て、あらかじめ所要時間や休憩場所についても計画に入れておく。
○
事前に自分にあった運転計画を立てましょう。

**問81** ☐☐☐
通学路の標識のある道路では、駐車車両のかげから子どもが急に飛び出してくることが予測されるので、特に注意して走行することが大切である。
○
子どもの急な飛び出しに備え、特に注意して運転しましょう。

**問82** ☐☐☐
高速道路では、総排気量125ccを超える普通自動二輪車は通行することができる。
○
125ccを超える自動二輪車は、高速道路を通行できます。

**問83** ☐☐☐
二輪車の運転は、身体で安定を保ちながら走り、停止すれば安定を失うという特性があり、四輪車とは違った運転技術が必要である。
○
二輪車は、四輪車とは違った運転技術が必要です。

**問84** ☐☐☐
「キープレフトの原則」とは、車両通行帯のない道路で、自動車と原動機付自転車は、道路の左側部分の左に寄って通行することである。
○
「キープレフトの原則」とは、車両通行帯のない道路で、道路の左側部分の左に寄って通行することをいいます。

**問85** ☐☐☐
図の信号に対面した場合、大型自動車や普通自動車は右折できるが、自動二輪車は右折できない。

青 →
×
自動二輪車も信号に従って右折できます。

**問86** ☐☐☐
高速自動車国道では、構造上または性能上、時速50キロメートル以上の速度の出ない自動車は通行してはならない。
○
高速自動車国道では、設問のような自動車の通行が禁止されています。

| | 問題 | 解答 | 解説 |
|---|---|---|---|
| 問87 □□□ | ミニカーは総排気量50cc以下の車なので原動機付自転車になり、原付免許で運転することができる。 | ✕ | ミニカーは普通自動車に含まれ、原付免許では運転できません。 |
| 問88 □□□ | 二輪車で走行中パンクしたときは、危険なので急ブレーキをかけるとよい。 | ✕ | 急ブレーキは避け、ハンドルをしっかり握って徐々に速度を落とします。 |
| 問89 □□□ | オートマチック車は、マニュアル車と運転の方法が違うところがあるので、オートマチック車の運転の基本を理解し、正確に操作する習慣を身につけることが大切である。 | ◯ | マニュアル車との違いを理解し、正しい操作を身につけましょう。 |
| 問90 □□□ | 追い越されようとするとき、相手に追い越すための十分な余地がないときは、できるだけ左に寄って進路を譲る。 | ◯ | 追い越しに十分な余地がないときは、できるだけ左に寄って進路を譲ります。 |

| 問91 | 時速30キロメートルで進行しています。交差点を直進するときは、どのようなことに注意して運転しますか？ | | |
|---|---|---|---|

| | 問題 | 解答 | 解説 |
|---|---|---|---|
| (1) □□□ | 左側を走る二輪車は、自分の車に気づいているはずなので、このままの速度で進行する。 | ✕ | 左側の二輪車は、自車に気づいているとは限りません。 |
| (2) □□□ | 左側から二輪車がきているので、交差点の手前で一時停止する。 | ◯ | 左側を走る二輪車の進行を妨げてはいけません。 |
| (3) □□□ | このままの速度で進行すると、左側からくる二輪車と衝突するおそれがあるので、速度を落として進路を譲る。 | ◯ | 速度を落として、二輪車に進路を譲ります。 |

**問92**

時速50キロメートルで進行しています。後方から緊急自動車が接近しているときは、どのようなことに注意して運転しますか？

| (1) | 緊急自動車が自分の車を追い越したあと、元の車線に戻れるよう速度を落とし、前の車との車間距離をあけておく。 | ✕ | 緊急自動車に進路を譲らなければなりません。 |
|---|---|---|---|
| (2) | 車間距離があいている左側の車の前にすばやく進路を変更し、緊急自動車に進路を譲る。 | ✕ | 左側の車に接触するおそれがあります。 |
| (3) | 左側の車の後ろに進路を変更し、減速して進行する。 | 〇 | 十分注意して、減速して進行します。 |

**問93**

時速50キロメートルで進行しています。どのようなことに注意して運転しますか？

| (1) | カーブで先が見えないので、よく見えるように道路の中央線に寄って進行する。 | ✕ | 対向車がはみ出してきて、衝突するおそれがあります。 |
|---|---|---|---|
| (2) | 二輪車は集団で走行しており、3台目の二輪車がすぐにつづいてくるかもしれないので、注意して進行する。 | 〇 | ほかの二輪車が追走してくるおそれがあります。 |
| (3) | 対向の二輪車は中央線をはみ出してくるかもしれないので、加速してその前に行き違う。 | ✕ | カーブを曲がり切れなくなるおそれがあります。 |

**問94**
時速40キロメートルで進行しています。後続車があり、前方にタクシーが走行しているときは、どのようなことに注意して運転しますか？

**(1)** 人が手を上げているためタクシーは急に止まれると思われるので、その側方を加速して通過する。

 速度を<u>落とし</u>、急停止に備えます。

**(2)** 急に減速すると後続車に追突されるおそれがあるので、そのままの速度で走行する。

 後続車に注意して速度を<u>落とします</u>。

**(3)** タクシーは左の合図を出しておらず、停止するとは思われないので、そのままの速度で進行する。

 タクシーは、客を乗せるため<u>急停止</u>するおそれがあります。

---

**問95**
時速40キロメートルで進行しています。どのようなことに注意して運転しますか？

**(1)** 対向車が追い越しをしようとしているが、この距離であれば追い越しは終了すると思うので、このまま進行する。

 このまま進行すると、対向車と<u>正面衝突</u>するおそれがあります。

**(2)** 追い越しをしようとする車は、自分の車と正面衝突するおそれがあるので、追い越しをさせないようにセンターライン寄りを走行する。

 センターライン寄りを走行すると、<u>正面衝突</u>するおそれがあります。

**(3)** 追い越しをしようとする車は、自分の車と正面衝突するおそれがあるので、速度を落とし、できるだけ左側に寄る。

 衝突を回避するため、速度を<u>落として</u>できるだけ<u>左</u>側に寄ります。

| 問題 | 解答 | 解説 |
|---|---|---|
| **問1** ☐☐☐ 運転免許は、第一種免許、第二種免許、原付免許の3種類に区分されている。 | ✕ | 運転免許は、<u>第一種免許</u>、<u>第二種免許</u>、<u>仮</u>免許の3種類に区分されています。 |
| **問2** ☐☐☐ オートマチック車が完全に停止しない状態でチェンジレバーを「P」に入れると、故障の原因になる。 | ◯ | 走行中にチェンジレバーを「P」にすると、故障の原因になります。 |
| **問3** ☐☐☐ 横断歩道を人が横断していたが、車を見て立ち止まったので、そのまま通過した。 | ✕ | <u>一時停止</u>します。横断している歩行者の<u>通行</u>を妨げてはいけません。 |
| **問4** ☐☐☐ 普通自動車で、車両総重量750キログラムを超える故障車をロープでけん引する場合は、普通免許のほかにけん引免許が必要である。 | ✕ | <u>故障車</u>をロープでけん引する場合は、けん引免許は必要<u>ありません</u>。 |
| **問5** ☐☐☐ 図の標識のある道路であっても、原動機付自転車は時速30キロメートルを超える速度で運転してはならない。 **(50)** | ◯ | 「<u>最高速度50キロメートル</u>」の標識です。原動機付自転車は時速<u>30</u>キロメートルを超える速度で運転してはいけません。 |
| **問6** ☐☐☐ 二輪車の正しい乗車姿勢は、ステップに土踏まずを乗せ、足先はブレーキペダルの上に置くと不用意に踏んでしまうおそれがあるので、ブレーキペダルの下に置くとよい。 | ✕ | 足先はブレーキペダルを<u>踏まない</u>ように注意して、その上に置きます。 |
| **問7** ☐☐☐ 夜間は、先の方に視線を向け、前方の障害物を早く発見して避けるようにするとよい。 | ◯ | 夜間は<u>視界</u>が悪いため、障害物を早く<u>発見</u>する必要があります。 |

次の問題を読んで、正しいと思うものについては「○」、誤りと思うものについては「×」で答えなさい。なお、問91～問95のイラスト問題については、(1)～(3)のすべてが正解しないと得点になりません。

| | 問題 | 解答 | 解説 |
|---|---|---|---|
| 問8 □□□ | 横断歩道に近づいたところ、横断歩道の直前に停止している車があったが、横断しようとする人がいなかったので徐行して進行した。 | × | 徐行ではなく、横断歩道の直前で必ず一時停止しなければなりません。 |
| 問9 □□□ | 警察官が灯火を頭上に上げているときは、すべての方向に対し、信号機の黄色の灯火信号と同じ意味である。 | × | 対面する交通は信号機の赤色、平行する交通は信号機の黄色の灯火信号と同じ意味です。 |
| 問10 □□□ | 交差点で右折しようとするときは、反対方向から進行してくる二輪車がある場合には、自分の車に優先権があるので先に右折することができる。 | × | 右折する車は、直進車や左折車の進行を妨げてはいけません。 |
| 問11 □□□ | 自動車の図のような右折方法は正しい。 | × | 道路の中央に寄って交差点の中心のすぐ内側を徐行しながら通行します。 |
| 問12 □□□ | 二輪車を運転してブレーキをかけるとき、前輪をロックしたときより、後輪をロックしたときのほうが危険である。 | × | 前輪がロックすると、前のめりになり転倒につながるので危険です。 |
| 問13 □□□ | 災害が発生し、区域を指定して緊急通行車両以外の車両の通行が禁止されたときは、区域外まで移動させなくても、車を道路外に移動すればよい。 | ○ | 区域を指定して交通の規制が行われたときは、道路外の場所に車を移動します。 |
| 問14 □□□ | 転回するときの合図の時期は、転回しようとする約3秒前である。 | × | 転回の合図は、転回しようとする30メートル手前で行います。 |

| | 問題 | 解答 | 解説 |
|---|---|---|---|
| 問15 □□□ | 止まっている通学・通園バスのそばを通るときは、一時停止をして安全を確かめなければならない。 | ✕ | 必ずしも一時停止する必要はなく、徐行して安全を確かめます。 |
| 問16 □□□ | ハンドルの切り方は、高速になればなるほど早めに小さくする。 | ◯ | 高速でハンドルを大きく切ると危険です。 |
| 問17 □□□ | 図のマークをつけている車に対しては、追い抜きや追い越しをしてはならない。 | ✕ | 「身体障害者マーク」です。追い抜きや追い越しは、特に禁止されていません。 |
| 問18 □□□ | エンジンがかかっている、いないにかかわらず、原動機付自転車や自動二輪車（側車付きのもの、けん引しているものを除く）を押して歩くときは、歩行者として扱われる。 | ✕ | 歩行者として扱われるのは、エンジンを止めて押して歩く場合に限られます。 |
| 問19 □□□ | 運転者が危険を感じてブレーキを踏み、ブレーキが実際に効き始めるまでの間に車が走る距離を空走距離、ブレーキが効き始めてから停止するまでの距離を制動距離という。 | ◯ | 空走距離と制動距離の意味は、設問のとおりです。 |
| 問20 □□□ | 自動二輪車を押して歩く場合は、歩行者として扱われるが、この場合はエンジンを切らなければならない。 | ◯ | エンジンを止めないと、歩行者として扱われません。 |
| 問21 □□□ | 車両総重量3000キログラムの自動車は、普通免許で運転することができる。 | ◯ | 設問の車は普通自動車になり、普通免許で運転できます。 |
| 問22 □□□ | 左折するときは、道路の中央に寄り、道路の右側を確かめてから左折する。 | ✕ | 道路の左端に寄り、道路の左右を確かめてから左折します。 |

| | 問題 | 解答 | 解説 |
|---|---|---|---|
| 問23 □□□ | 図の標示は、前方の交差する道路に対して自分の通行している道路のほうが優先であることを表している。 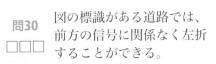 | × | 前方の交差する道路のほうが優先道路であることを表しています。 |
| 問24 □□□ | 踏切に近づいたとき、表示する信号が青色であったので、安全を確かめ、停止せずに通過した。 | ○ | 青信号の場合は、安全を確認すれば停止しないで通過できます。 |
| 問25 □□□ | 車の運転者は、歩行者がいる安全地帯のそばを通るときは、徐行しなければならない。 | ○ | 歩行者がいない場合は、徐行する必要はありません。 |
| 問26 □□□ | 身体障害者用の車いすで通行している人は、歩行者に含まれない。 | × | 身体障害者用の車いすで通行している人は、歩行者に含まれます。 |
| 問27 □□□ | 四輪車を運転中に大地震が発生し、やむを得ず道路に車を置いて避難するときは、エンジンキーを携帯し、窓を閉め、ドアをロックしておかなければならない。 | × | キーはつけたままにするか車内に置いておき、窓を閉め、ドアはロックしないで避難します。 |
| 問28 □□□ | オートマチック車はクラッチ操作が必要ないので、負担が軽く運転は楽であるが、安易な気持ちで運転すると思いがけない危険が潜んでいるので、正しい運転操作をすることが大切である。 | ○ | オートマチック車でも、正しい運転操作が必要です。 |
| 問29 □□□ | 乗車定員29人乗りのマイクロバスは、中型免許を受ければ運転できる。 | ○ | 中型乗用自動車なので、中型免許で運転できます。 |
| 問30 □□□ | 図の標識がある道路では、前方の信号に関係なく左折することができる。 |  × | 「進行方向別通行区分」の標識なので、信号に従って交差点を左折しなければなりません。 |

| | 問題 | 解答 | 解説 |
|---|---|---|---|
| 問31 □□□ | 交通事故を起こすと自動車損害賠償責任保険か責任共済の証書が必要となるので、紛失しないようにコピーしたものを車に備える。 | ✕ | コピーではなく、自賠責保険か責任共済証書の原本を車に備え付けます。 |
| 問32 □□□ | 大型・普通自動二輪車に乗るときは、工事用安全帽であっても、必ずかぶって運転しなければならない。 | ✕ | 二輪車に乗るときは乗車用ヘルメットをかぶります。工事用安全帽は乗車用ヘルメットではありません。 |
| 問33 □□□ | 普通乗用自動車で故障車をロープでけん引できる台数は、1台だけである。 | ✕ | 普通自動車では、2台までロープでけん引することができます。 |
| 問34 □□□ | ナンバープレートは、自動車の後ろに取りつければよく、自動車の前につける必要はない（二輪車を除く）。 | ✕ | 自動車（二輪車を除く）の前と後ろの定められた位置につけなければなりません。 |
| 問35 □□□ | 中央線のある片側1車線の道路を、「車両通行帯のある道路」という。 | ✕ | 片側に2車線以上の通行帯がある道路を、「車両通行帯のある道路」といいます。「車線」や「レーン」とも呼ばれています。 |
| 問36 □□□ | 図の標識は、この先の道路が工事中のため、車は通行できないことを示している。 | ✕ | 「道路工事中」を示していますが、通行することはできます。 |
| 問37 □□□ | 前方の信号機の信号が青色であるが交通が混雑しているため、そのまま進行すれば交差点内で止まってしまい、交差道路の交通を妨害するおそれがあるときは、交差点に進入してはならない。 | ◯ | ほかの交通の妨げとなるようなときは、交差点に進入してはいけません。 |
| 問38 □□□ | こう配の急な下り坂や上り坂の頂上付近では、原動機付自転車を追い越してもよい。 | ✕ | 原動機付自転車であっても、追い越しをしてはいけません。 |

116

**問39**
□□□

乗車用ヘルメットで風防付きのものは、風防の汚れやほこりを取り除き、前方がよく見えるようにしておくことが大切である。

〇

風防の汚れやほこりを<u>取り除き</u>、常に<u>きれい</u>にしておかないと危険です。

---

**問40**
□□□

交通事故が起きた場合、その責任は事故を起こした運転者だけが負うべきで、車の鍵の管理が悪く勝手に持ち出されて起きた事故は、持ち主に責任はない。

✕

持ち主は、車を<u>持ち出され</u>ないように<u>管理</u>しなければなりません。

---

**問41**
□□□

遮断機が上った直後の踏切では、列車がすぐ近づいてくることはないので、一時停止をして安全を確かめる必要はない。

✕

遮断機が上った直後でも、必ず<u>一時停止</u>して<u>安全</u>を確かめなければなりません。

---

**問42**
□□□

二輪車でブレーキをかけるときは、前輪ブレーキは危険であるからあまり使わず、主として後輪ブレーキを使うのがよい。

✕

二輪車は、<u>前後</u>輪ブレーキを<u>同時</u>にかけるようにします。

---

**問43**
□□□

図の標識のあるところで最大積載量3トンのトラックを運転して通行した。

〇

最大積載量<u>5</u>トン以上の貨物自動車が通行止めなので、3トンのトラックは通行<u>できます</u>。

---

**問44**
□□□

高速道路は原動機付自転車で通行してはならないが、総排気量125ccの普通自動二輪車は通行することができる。

✕

総排気量125ccの普通自動二輪車<u>も</u>高速道路を通行<u>できません</u>。

---

**問45**
□□□

前を走る自動車が原動機付自転車を追い越そうとしているときに、その前の自動車を追い越す行為は、二重追い越しとして禁止されている。

✕

前車が原動機付自転車を追い越そうとしている場合は、二重追い越しに<u>はなりません</u>。

---

**問46**
□□□

仮運転免許を受けた人は、仮免許練習標識を車の定められた位置につけておけば、1人で練習のための運転ができる。

✕

資格のある人を<u>助手席</u>に乗せて、<u>指導</u>を受けながら運転しなければ<u>なりません</u>。

| | 問題 | 解答 | 解説 |
|---|---|---|---|
| 問47 □□□ | 夜間、高速道路でやむを得ず駐停車するときは、非常点滅表示灯、駐車灯または尾灯をつけ、さらに車の後方に停止表示器材を置かなければならない。 | ◯ | 高速道路では、停止表示器材と併せて<u>非常点滅表示灯</u>などをつけます。 |
| 問48 □□□ | 交差点に入る直前で前方の信号が青色から黄色に変わったが、後ろに車が続いていて急ブレーキをかけると追突されるおそれがあったので、停止せずにそのまま進んだ。 | ◯ | 停止位置で安全に<u>停止できない</u>ときは、そのまま進行<u>できます</u>。 |
| 問49 □□□ | ほかの車が右折するため道路の中央や右端に寄って通行しているときや、路面電車を追い越そうとするときは、その左側を通行する。 | ◯ | 設問のようなときは、その<u>左</u>側を通行して<u>追い越す</u>ことができます。 |
| 問50 □□□ | 図の標識は、積荷の重さが5.5トンを超える車の通行ができないことを表している。 （5.5 t） | ✕ | 「<u>重量制限</u>」の標識です。積荷だけの重さではなく、車の総重量が<u>5.5トン</u>を超える車は通行できません。 |
| 問51 □□□ | 高速自動車国道の登坂車線において、時速40キロメートルで走行するのは、最低速度の違反である。 | ✕ | 登坂車線は<u>本線</u>車道ではないので、最低速度の適用は<u>ありません</u>。 |
| 問52 □□□ | 普通免許を受けて1年を経過していない者が普通乗用自動車を運転するときは、初心者マークを表示しなければならないが、普通貨物自動車では表示しなくてもよい。 | ✕ | 普通貨物も普通自動車なので、<u>初心者</u>マークをつけなければなりません。 |
| 問53 □□□ | 標示とは、ペイントや道路びょうなどによって路面に示された線、記号や文字のことをいい、規制標示と指示標示の2種類がある。 | ◯ | 標示とは、ペイントや道路びょうなどで示された<u>線</u>、<u>記号</u>や<u>文字</u>をいいます。 |
| 問54 □□□ | 二輪車でぬかるみや砂利道を通過するときは、高速ギアに入れ、すばやく通過してしまう。 | ✕ | <u>低速</u>ギアに入れ、速度を<u>一定に保ちながら</u>通過します。 |

| | 問題 | 解答 | 解説 |
|---|---|---|---|

**問55** 対向車と正面衝突のおそれが生じたときは、警音器とブレーキを同時に使い、できる限り左側に避け、衝突の寸前まであきらめないで、少しでもブレーキとハンドルでかわすのがよい。

○

道路外が<u>安全</u>な場所であれば、そこに出て衝突を<u>回避</u>します。

**問56** 前方の車が発進しようとしていたので、一時停止をして道を譲った。

○

前車の<u>発進</u>を妨げないようにします。

**問57** 図の標識とパーキング・メーターのあるところで駐車するときは、午前8時から午後8時までの間、60分を超えなければパーキング・メーターを作動させずに駐車することができる。

×

時間に関係なく、パーキング・メーターを作動させなければ<u>なりません</u>。

**問58** 片側3車線の道路で真ん中の通行帯を走行中、後方から緊急自動車が接近してきたが、一番右の車線があいていたので、そのまま通行した。

×

<u>左</u>側の車線に寄り、緊急自動車に進路を<u>譲らなければなりません</u>。

**問59** 大型免許では、排気量125cc以下の普通自動二輪を運転することができる。

×

大型免許では、排気量に関係なく、自動二輪車を運転<u>できません</u>。

**問60** バスの運行時間外のバス停留所の標示板から前後10メートル以内の場所は、駐停車禁止である。

×

運行時間外は、駐停車禁止<u>ではありません</u>。

**問61** 交通事故に備え、必要な応急救護処置を身につけるだけでなく、万が一の事故に備え、三角きん、ガーゼ、包帯などを車に乗せておくとよい。

○

万が一の事故に備え、<u>救急用具</u>を車に<u>備えて</u>おきましょう。

**問62** 踏切の手前に差しかかったときは警報機が鳴り始めたが、警報機が鳴り出した直後はすぐに列車はこないので、一時停止する必要はない。

×

警報機が鳴り始めたら、必ず踏切の直前で<u>停止</u>して、進入し<u>てはいけません</u>。

| | 問題 | 解答 | 解説 |
|---|---|---|---|

**問63** ☐☐☐
車を運転しているときにスマートフォンなどの携帯電話で通話をすることは禁止されているが、メールの読み書きは運転に与える影響が少ないので禁止されていない。
❌
運転中の携帯電話の使用は、通話に限らずメールの読み書きも<u>禁止</u>されています。

**問64** ☐☐☐
図の標示の路側帯の中に入って、駐車や停車をすることはできない。

路側帯　車道

⭕
<u>駐停車禁止</u>を示す路側帯なので、この中に入って止めてはいけません。

**問65** ☐☐☐
車両通行帯のない道路では、追い越しなどでやむを得ない場合のほかは、道路の左側に寄って通行する。
⭕
自動車や原動機付自転車は、道路の左側に寄って通行<u>しなければなりません。</u>

**問66** ☐☐☐
下り坂でフットブレーキが効かなくなったときは、ブレーキを数回踏み、手早く減速チェンジをしてハンドブレーキを引く。
⭕
<u>減速</u>チェンジをして、<u>ハンド</u>ブレーキを引きます。

**問67** ☐☐☐
二輪車の曲がり方は、ハンドルを切るのではなく、車体を傾けることによって自然にハンドルが切れる要領で行う。
⭕
<u>ハンドル</u>だけで曲がろうとすると、<u>転倒</u>する危険があります。

**問68** ☐☐☐
雨の日に急加速や急ハンドル、急ブレーキをかけると、横滑りや横転を起こしやすいので十分注意する。
⭕
路面が<u>滑り</u>やすくなるので、十分<u>注意</u>して走行しましょう。

**問69** ☐☐☐
一番左側の車線が路線バスの専用通行帯に指定されているときは、小型特殊自動車、原動機付自転車、軽車両はその通行帯を通行しなければならないが、そのほかの車は左折またはやむを得ない場合以外は通行することができない。
⭕
路線バスの専用通行帯は、そのほかの車は原則として通行<u>できません。</u>

**問70** ☐☐☐
二輪車を選ぶときは、シートにまたがったとき、両足のつま先が地面に届かないくらいがよい。
❌
シートにまたがったとき、両足の<u>つま先</u>が地面に届くものを選びます。

| 問題 | 解答 | 解説 |
|---|---|---|

**問71** □□□ 図の標示のあるところでは、道路の中央から右側部分にはみ出して通行することができる。

○

「右側通行」を表します。対向車に十分注意し、右側部分にはみ出して通行することができます。

**問72** □□□ 路面電車が通行するために必要な道路の部分を「軌道敷」といい、原則として車の通行が禁止されている。

○

軌道敷とは、設問のとおりです。軌道敷内は、右折や左折で横切るときなど以外は、通行してはいけません。

**問73** □□□ 高速走行中に急なハンドル操作をすると、遠心力の影響を受けて危険である。

○

高速走行中の急ハンドルは非常に危険です。

**問74** □□□ 標識や標示によって横断や転回が禁止されているところでは、同時に後退も禁止されている。

✕

横断や転回が禁止されていても、後退は特に禁止されていません。

**問75** □□□ 高速道路では、貨物自動車は、積荷の有無にかかわらず、登坂車線を通行しなければならない。

✕

登坂車線は、速度の遅い車が通行します。

**問76** □□□ 走行中、タイヤがパンクしたときは、あわててブレーキをかけずに、まずハンドルをしっかり握り、車体をまっすぐに保つようにし、アクセルを緩め、速度が落ちてきたらブレーキを軽くかけて止めるようにする。

○

タイヤがパンクしたときは、設問のようにして車を止めます。

**問77** □□□ 普通自動二輪車で標識などにより最高速度が時速40キロメートルと制限されているときは、ヘルメットをかぶらなくてもよい。

✕

制限速度にかかわらず、二輪車に乗るときはヘルメットをかぶらなければいけません。

**問78** □□□ 図のB車は、前後や左前方の見通しがよく安全を確かめれば、追い越しを始めてもよい。

○

優先道路を通行しているので、追い越しができます。

121

| | 問題 | 解答 | 解説 |
|---|---|---|---|

**問79** ☐☐☐
横断歩道のない道路を横断している歩行者に対しては、車のほうが優先する。

✕

横断歩道がなくても、横断する歩行者の通行を<u>妨げてはいけません</u>。

---

**問80** ☐☐☐
乗車定員5人の普通乗用車に、12歳未満の子どもだけ乗せる場合は、6人まで可能である。

◯

12歳未満の子どもは<u>3人</u>を大人<u>2人</u>に換算するので、乗せられます。

---

**問81** ☐☐☐
長距離運転をするときは、細かく計画を立てるのではなく、そのときの状況に応じて判断し、無駄のない走行をすることが大切である。

✕

運転計画を<u>立てる</u>ことは、道に迷わず無駄のない走行が<u>できます</u>。

---

**問82** ☐☐☐
道路の中央から左側の部分が工事中で通行できないときは、右側部分にはみ出して通行することができる。

◯

道路工事などでやむを得ないときは、道路の<u>右側部分</u>にはみ出して通行することが<u>できます</u>。

---

**問83** ☐☐☐
横断歩道を横断する人がいないときは、そのすぐ手前で追い越しや追い抜きをしてもよい。

✕

横断者の有無に関係なく、追い越しや追い抜きは禁止<u>されています</u>。

---

**問84** ☐☐☐
高速道路を通行する前には、タイヤの空気圧は適当か、溝の深さが十分であるかなどを点検する。

◯

高速道路に入る前に、タイヤの<u>空気圧</u>や<u>溝の深さ</u>などを点検します。

---

**問85** ☐☐☐
二輪車は小回りがきくので、渋滞しているときは車の間をぬって走行するなど、機動性を発揮して走行するとよい。

✕

二輪車でも、車の間をぬって走っては<u>いけません</u>。

---

**問86** ☐☐☐
図の標示があるところで、荷物の積みおろしのため、運転者が車のそばにいて5分間車を止めた。

✕

<u>駐停車禁止</u>場所なので、5分間でも止めることは<u>できません</u>。

| 問題 | 解答 | 解説 |
|---|---|---|

**問87** ☐☐☐
交差点を右折するときは、矢印などの標示で通行方法が指定され、それに従って通行する場合は、徐行する必要はない。

交差点を右折するときは、徐行しなければなりません。

---

**問88** ☐☐☐
高速道路の本線車道とは、走行車線、登坂車線、加速車線、減速車線のすべてのことである。

登坂車線、加速車線、減速車線は、本線車道に含まれません。

---

**問89** ☐☐☐
高速自動車国道の本線車道での普通自動車の法定最高速度は、すべて時速100キロメートルである。

三輪とけん引している普通自動車の法定最高速度は、時速80キロメートルです。

---

**問90** ☐☐☐
追い越しをするときは、右の方向指示器を出して、約3秒後に最高速度の制限内で加速しながら進路を緩やかにとって、前の車の右側を安全な間隔を保ちながら通過する。

追い越しは、制限速度内で、しかも安全な方法で行います。

---

**問91**
時速40キロメートルで進行しています。前方の道路が濡れているときは、どのようなことに注意して運転しますか？

---

**(1)** ☐☐☐
前方のカーブの中の道路は濡れており、二輪車がスリップして転倒するかもしれないので、カーブに入る前に追い越す。

対向車と衝突するおそれがあります。

---

**(2)** ☐☐☐
左側にはガードレールがあって、これに接触するといけないので、中央線寄りを進行する。

対向車が中央線をはみ出してくるおそれがあります。

---

**(3)** ☐☐☐
対向車はカーブの中の濡れた路面でスリップして中央線を越えてくるかもしれないので、二輪車に注意しながら速度を落として左へ寄って進行する。

二輪車に注意して左に寄って進行します。

**問92**　時速80キロメートルで高速道路を進行しています。どのようなことに注意して運転しますか？

**(1)** 故障車の運転者は車外に出て避難していて、ドアが開いたり、かげから人が飛び出してくることはないので、このままの速度で走行する。

✕

避難していないほかの同乗者がいて<u>ドアを開けたり</u>、車のかげから<u>飛び出してくる</u>おそれがあります。

**(2)** 右側を走る車は故障車に気をとられ、ハンドルがふらつき自分の車の車線に入ってくるかもしれないので、速度を落として車の動きに注意する。

右側を走る車は、<u>故障車</u>に気をとられていることが考えられます。

**(3)** 故障車は路側帯の中に停止しており、本線車道にはみ出していないので、このままの速度で車線の左寄りを走行する。

✕

ドアが急に<u>開いたり</u>、車のかげから<u>人が飛び出す</u>危険があります。

---

**問93**　時速50キロメートルで進行しています。橋の上を通行するときは、どのようなことに注意して運転しますか？

**(1)** 特に危険はないように思うので、前車との間隔を保ちながら、このままの速度で進行する。

✕

<u>風の影響</u>を受けてハンドルをとられるおそれがあります。

**(2)** 橋の上は風の影響を受けやすいので、速度を落とし、ハンドルをとられないようにしっかり握って進行する。

速度を<u>落とし</u>、<u>ハンドル</u>をとられないように注意して進行します。

**(3)** 周囲の車が風の影響を受けてふらつくかもしれないので、その動きに注意する。

風の影響を<u>予測</u>して、<u>周囲の車の動き</u>にも注意を向けます。

**問94** 時速40キロメートルで進行しています。どのようなことに注意して運転しますか？

| (1) □□□ | 歩道にはガードレールがあり、安全に通行することができるので、そのままの速度で進行する。 |  | ガードレールの切れ目は、安全とは限りません。 |

| (2) □□□ | 左側の自転車は、歩行者などで歩道が通りにくいため、車道に飛び出してくるかもしれないので、警音器を鳴らしてそのままの速度で進行する。 |  | 警音器を鳴らさず、速度を落として進行します。 |

| (3) □□□ | 左側の自転車は、歩行者などで歩道が通りにくいため、車道に飛び出してくるかもしれないので、速度を落とし、動きをよく確かめてから進行する。 |  | 速度を落とし、自転車の動きをよく確かめます。 |

**問95** 時速10キロメートルで進行しています。交差点を左折するときは、どのようなことに注意して運転しますか？

| (1) □□□ | 左側方にいる二輪車は、減速して自分の車の後ろにつくので、このまま左折する。 |  | 二輪車は、自車の後ろにつくとは限りません。 |

| (2) □□□ | トラックのかげには、右折する対向車がいるかもしれないので、トラックが左折してから対向車や歩行者の動きに注意して左折する。 |  | トラックのかげも、十分注意しなければなりません。 |

| (3) □□□ | 左側方にいる二輪車は合図に気づかず、自分の車が左折するときに巻き込んでしまうおそれがあるので、その動きに十分注意して左折する。 |  | 巻き込むおそれがあるので、動きに十分注意します。 |

| | 問題 | 解答 | 解説 |
|---|---|---|---|
| **問1** □□□ | 交通規則を守って運転することは、交通事故を防止し、交通の秩序を保つことになる。 | ○ | 交通規則を守って運転することは、事故を防止し、秩序を保つことにつながります。 |
| **問2** □□□ | 故障車をロープでけん引するとき、けん引車と故障車の間は5メートル以内にする。 | ○ | けん引車と故障車の間は5メートル以内にしなければなりません。 |
| **問3** □□□ | 運転中にスマートフォンなどの携帯電話を操作することは禁止されているが、携帯電話を手に持って通話しながら運転することまでは禁止されていない。 | × | 携帯電話を手に持って使用することは、危険なので禁止されています。 |
| **問4** □□□ | 車を運転して交差点に近づいたとき、警察官が横に水平に上げていた両腕を頭上に上げる手信号をしたので、交差点の直前で停止した。 | ○ | 赤色の灯火信号と同じ意味なので、交差点の直前で停止します。 |
| **問5** □□□ | 図の点滅信号に対面する車や路面電車は、停止位置で一時停止し、安全を確認して進むことができる。 赤 | ○ | 停止位置で一時停止し、安全を確かめてから進行します。 |
| **問6** □□□ | 二輪車のハンドルを変形ハンドルに改造しても、運転に支障はない。 | × | 二輪車のハンドルを改造すると、正しい運転操作ができなくなり危険です。 |
| **問7** □□□ | 後車輪が横滑りしたときは、ブレーキの踏み方が緩いので、もっと強く踏むべきである。 | × | ブレーキを踏まずに、ハンドルを滑った方向に切ります。 |

次の問題を読んで、正しいと思うものについては「○」、誤りと思うものについては「×」で答えなさい。なお、問91〜問95のイラスト問題については、(1)〜(3)のすべてが正解しないと得点になりません。

配点
問1〜問90 :各1点
問91〜問95:各2点

| | 問題 | 解答 | 解説 |
|---|---|---|---|
| 問8 □□□ | 荷台に荷物を積んだとき、方向指示器、尾灯、制動灯、ナンバープレートなどが見えなくなるような積み方をした場合は、見張りの者を乗せれば運転してもよい。 | × | 見張りを乗せても安全の確保はできないので、運転してはいけません。 |
| 問9 □□□ | 警察官や交通巡視員が信号機の信号と異なった手信号をしたときは、信号機の信号が優先する。 | × | 警察官や交通巡視員の手信号が優先します。 |
| 問10 □□□ | 交差点の手前で緊急自動車が近づいてきたのを認めたので、交差点に入るのを避け、左側に寄って一時停止した。 | ○ | 交差点を避け、道路の左側に寄り、一時停止します。 |
| 問11 □□□ | 違法駐車をして「放置車両確認標章」を取り付けられた車の使用車は、その車を運転するときに、この標章を取り除いてはならない。 | × | 事故防止のため標章を取り除いて運転することができます。 |
| 問12 □□□ | 二輪車の運転は、タンクを両ひざで締める（ニーグリップ）ことも大切である。 | ○ | タンクを両ひざで締めるニーグリップをして運転します。 |
| 問13 □□□ | 左側部分が8メートルの道路で追い越しをするときは、道路の右側部分にはみ出すことができる。 | × | 左側部分の幅が6メートル以上の道路では、右側部分にはみ出して追い越しをしてはいけません。 |
| 問14 □□□ | 加速車線の車が本線車道へ入ろうとするときは、本線車道を通行している車の進行を妨げてはならない。 | ○ | 本線車道の車の進行を妨げないように、加速して入ります。 |

| | 問題 | 解答 | 解説 |
|---|---|---|---|

**問15** □□□
大型自動二輪車で高速道路を走行するときは、大型二輪免許を受けて1年を経過していれば二人乗りすることができる。
×
20歳以上で、かつ3年以上の経験が必要です。

**問16** □□□
自分が車の運転をしていなければ、運転者に共同危険行為などの違反をあおっても、免許の取り消しにはならない。
×
運転をしていなくても、免許が取り消しになる場合もあります。

**問17** □□□
図の標識は、この先が行き止まりであることを表している。
×
設問の標識は、そのほかの危険があることを表しています。

**問18** □□□
シートベルトは、身体が自由に動けるように、緩く締めたほうがよい。
×
シートベルトは、緩まないように正しく着用します。

**問19** □□□
夜間、横断歩道に近づいたとき、ライトの光で歩行者が見えないときは、横断する人がいないことが明らかなので、車はそのまま進行してよい。
×
ライトで見える範囲外にも人がいるおそれがあるので、速度を落とします。

**問20** □□□
車の放置行為とは、違法駐車をした運転者が車を離れてただちに運転することができない状態にすることをいう。
○
放置行為は違法駐車になるので禁止されています。

**問21** □□□
大型自動二輪車や普通自動二輪車を運転するときは、ステップに土踏まずを乗せて、足の裏がほぼ水平になるようにし、足先をまっすぐ前方に向け、両ひざでタンクを締めるようにする。
○
設問のような正しい乗車姿勢で運転しましょう。

**問22** □□□
普通免許の初心運転者は、ほかの人の車を借りて運転するときでも、初心者マークを表示しなければならない。
○
他人の車であっても、初心者マークを表示しなければなりません。

| | 問題 | 解答 | 解説 |
|---|---|---|---|

**問23**
☐☐☐
横断歩道または自転車横断帯の手前10メートル以内では、追い越しは禁止されているが、追い抜きは禁止されていない。

×

設問の場所では、追い越し、追い抜きともに禁止されています。

**問24**
☐☐☐
図の標示のあるところでは、A車もB車も右側部分にはみ出して追い越しをしてはならない。

中央→線 A B

○

黄色の中央線を越えてはみ出し、追い越しをしてはいけません。

**問25**
☐☐☐
信号機がある踏切で青色を表示していても、車は直前で一時停止しなければならない。

×

左右の安全を確かめれば、一時停止する必要はありません。

**問26**
☐☐☐
準中型免許を受けていれば、車両総重量7000キログラム、最大積載量4000キログラムの貨物自動車を運転することができる。

○

設問の貨物自動車は、準中型免許で運転することができます。

**問27**
☐☐☐
対向車と正面衝突のおそれが生じたときは、少しでもハンドルとブレーキでかわすようにしなければならないが、もし道路外が危険な場所でなければ、道路外に出ることもためらってはいけない。

○

道路外が危険な場所でなければ、そこに出て衝突を回避します。

**問28**
☐☐☐
ルールさえ守れば、自己中心的な運転をしてもかまわない。

×

自己中心的な運転は、他人に危険や迷惑をおよぼし、自分自身も危険です。

**問29**
☐☐☐
一定の時期に検査を受けたという検査標章を貼っていない400ccの普通自動二輪車は、運転してはならない。

○

400ccの普通自動二輪車は、ナンバープレートに検査標章を貼らないと運転してはいけません。

**問30**
☐☐☐
駐車場や車庫などの出入り口から3メートル以内の場所には駐車をしてはならないが、自宅の車庫の出入り口であれば駐車することができる。

×

自宅の出入り口であっても、駐車してはいけません。

| | 問題 | 解答 | 解説 |
|---|---|---|---|
| 問31 ☐☐☐ | 図の標識は、車を駐車するとき、道路の端に対して斜めに駐車してはならないことを表している。 [斜め駐車] | ✕ | 「斜め駐車」を表し、道路の端に対して斜めに駐車しなければなりません。 |
| 問32 ☐☐☐ | 道路上で酒に酔ってふらついたり、立ち話をしたり、座ったり、寝そべったりなどして、交通の妨げとなるようなことをしてはならない。 | ◯ | 歩行者でも、道路上で設問のような行為はしてはいけません。 |
| 問33 ☐☐☐ | こう配の急な坂では、上りも下りも駐停車が禁止されている。 | ◯ | どちらも駐停車禁止場所に指定されています。 |
| 問34 ☐☐☐ | 免許を受けていても、免許証を携帯しないで自動車を運転すると無免許運転になる。 | ✕ | 免許証不携帯という違反になりますが、無免許運転ではありません。 |
| 問35 ☐☐☐ | 交通事故を見かけたら、負傷者の救護にあたったり、事故車を移動させたりするなど積極的に協力する。 | ◯ | 交通事故の現場に居合わせたら、積極的に協力します。 |
| 問36 ☐☐☐ | 走行中にタイヤがパンクしたときは、まずハンドルをしっかりと握り、車の方向を直すようにする。 | ◯ | パンクしたときは、ハンドルをしっかり握り、車の向きを直しながら、徐々に速度を落として停止します。 |
| 問37 ☐☐☐ | 二輪車で砂利道を走行するときは、低速ギアで速度を落として通行したほうがよい。 | ◯ | 低速ギアで速度を落として通行します。 |
| 問38 ☐☐☐ | 図の標識のあるところでは、普通自動車が原動機付自転車を追い越すことも禁止されている。 [追越し禁止] | ◯ | 「追越し禁止」の標識なので、原動機付自転車であっても追い越しをしてはいけません。 |

| | 問題 | 解答 | 解説 |
|---|---|---|---|

**問39** □□□
総排気量250ccの普通自動二輪車と、750ccの大型自動二輪車の高速自動車国道での法定最高速度は同じである。

○

法定最高速度は、ともに時速100キロメートルです。

**問40** □□□
一方通行路以外の交差点で右折しようとするときは、交差点の中心のすぐ外側を徐行する。

×

交差点の中心のすぐ外側ではなく、すぐ内側を徐行します。

**問41** □□□
仮免許は、普通仮免許だけである。

×

そのほか、大型仮免許、中型仮免許、準中型仮免許があります。

**問42** □□□
進路変更などをするときは、バックミラーなどで安全を確認しなければならないが、バックミラーなどで見えない部分にほかの車がいることを予測して運転することも大切である。

○

バックミラーで見えない部分は、直接目視して安全を確かめます。

**問43** □□□
やむを得ず急ブレーキをかけるときは、クラッチとブレーキを同時に踏み込む。

×

ブレーキで速度を落としてからクラッチを踏みます。

**問44** □□□
安全地帯の側方を車が通行するとき、安全地帯に歩行者がいない場合でも、徐行しなければならない。

×

安全地帯に歩行者がいない場合は、徐行の必要はありません。

**問45** □□□
図の標識がある道路では、大型乗用自動車と特定中型乗用自動車は通行することができないことを示している。

○

「大型乗用自動車等通行止め」を表す標識です。

**問46** □□□
高速道路で故障などにより運転することができなくなったときは、必要な危険防止の措置をとったあと、車内で待つようにしたほうが安全である。

×

追突される危険があるので、車外に出て避難します。

| | 問題 | 解答 | 解説 |
|---|---|---|---|
| 問47 ☐☐☐ | 高速自動車国道を通行中に車が故障したが、昼間であったので、路側帯に車を止め、非常点滅表示灯だけをつけた。 | ✕ | 自動車の後方の道路に、停止表示器材を置かなければなりません。 |
| 問48 ☐☐☐ | 仮免許で自動車の運転練習をするには、車の前か後ろの一方に「仮免許練習中」の標識をつけなければならない。 | ✕ | 前か後ろの一方ではなく、標識は前と後ろの両方の定められた位置につけなければなりません。 |
| 問49 ☐☐☐ | 二輪車でぬかるみや砂利道を通過するときは、ブレーキをかけたり大きなハンドル操作はせずに、スロットルで速度を変化させながら走行するとよい。 | ✕ | スロットルで速度を一定に保ったまま走行します。 |
| 問50 ☐☐☐ | 急な下り坂ではエンジンブレーキを使い、長い下り坂ではフットブレーキを頻繁に使うとよい。 | ✕ | エンジンブレーキを活用し、フットブレーキは補助的に使用します。 |
| 問51 ☐☐☐ | 図の標識は、「路肩が崩れやすいから注意せよ」ということを示している。 | ✕ | 図の標識は、「落石のおそれあり」を示しています。 |
| 問52 ☐☐☐ | 二輪車で右折する車が何台も続いている交差点では、前の車の左側から回り込んで右折するとよい。 | ✕ | 前車に続き、交差点のすぐ内側を通って右折します。 |
| 問53 ☐☐☐ | 運転者が放置行為（違法に駐車すること）をすると、その車の使用者もその責任を問われことがある。 | ◯ | 放置行為は、運転者だけでなく、車の使用者も責任を問われることがあります。 |
| 問54 ☐☐☐ | 一方通行の道路では、道路の中央から右の部分も通行することができる。 | ◯ | 一方通行の道路では、対向車がこないので、右側部分を通行できます。 |

| | 問題 | 解答 | 解説 |
|---|---|---|---|

**問55**
□□□
交通事故の多くは、自分の技量を過信したり、ほかの交通を無視した速度の出しすぎなど、無謀運転によって起きており、自分だけでなく他人にも大きな被害を与えている。

○

交通事故の多くは、<u>自分</u>だけでなく<u>他人</u>にも大きな被害を与えます。

---

**問56**
□□□
フットブレーキが故障したときは、すべてのブレーキが効かなくなるので、ハンドブレーキを使っても効果はない。

×

<u>エンジン</u>ブレーキや<u>ハンド</u>ブレーキを使って減速します。

---

**問57**
□□□
走行中の速度を半分に落とせば、徐行したといえる。

×

徐行とは、車がすぐ<u>に停止できるような</u>速度で進行することをいいます。

---

**問58**
□□□
図の標識は、矢印の方向以外に進んではならないことを表している。

○

「<u>指定方向外進行禁止</u>」を表し、<u>左</u>折と<u>右</u>折が禁止です。

---

**問59**
□□□
下り坂でオートマチック車を駐車させるときは、チェンジレバーを「P」の位置に入れるより「R」の位置に入れるほうがよい。

×

オートマチック車を駐車するときは、チェンジレバーを「<u>P</u>」に入れます。

---

**問60**
□□□
第一種普通免許では、タクシーを修理工場へ回送するためであっても、運転することはできない。

×

回送は旅客運送業務に<u>ならないので</u>、第一種普通免許で運転<u>できます</u>。

---

**問61**
□□□
歩行者用道路では、特に通行を認められた車だけが通行できるが、この場合は、特に運転者は歩行者に注意して徐行しなければならない。

○

沿道に車庫を持つ車などで特に通行が<u>認められた車</u>は、歩行者に注意して<u>徐行</u>します。

---

**問62**
□□□
夜間、照明のない道路で駐停車するときは、尾灯や駐車灯などをつけるか、または停止表示器材を置かなければならない。

○

夜間は、<u>尾灯</u>や<u>駐車灯</u>などをつけるか、<u>停止表示器材</u>を置かなければなりません。

| | 問題 | 解答 | 解説 |
|---|---|---|---|

**問63** □□□ 雪道や凍りついた道は大変滑りやすく危険なので、タイヤチェーンのような滑り止め装置をつけるか、スタッドレスタイヤなどをつけたうえで、速度を十分落とし、車間距離を十分とって運転する。 ○ 雪道は大変滑りやすいので、速度を落とし、車間距離を十分にとって運転します。

**問64** □□□ 車を追い越そうとするときは、原則として前の車の右側を通行しなければならない。 ○ 追い越しをするときは、前車の右側を通行するのが原則です。

**問65** □□□ 図の標識は、車両の通行は禁止されているが、歩行者は通行できる。 ✕ 歩行者、車、路面電車のすべてが通行できません。

**問66** □□□ 消火栓、消防水利の標識があるところや、消防用防火水槽の取入れ口から5メートル以内の場所で駐車してはならない。 ○ 設問の場所は、駐車禁止場所として指定されています。

**問67** □□□ 荷物の積みおろしのため10分停止するのは、駐車にはならない。 ✕ 5分を超える荷物の積みおろしは、駐車に該当します。

**問68** □□□ 高速道路に入る前には、燃料や冷却水、エンジンオイルの量、タイヤの溝の深さなどをよく点検し、停止表示器材を用意しなければならない。 ○ 高速道路に入る前には、必要な点検をしなければなりません。

**問69** □□□ 交差点で警察官が両腕を垂直に上げているとき、警察官の身体の正面に対面する方向の交通は、赤色の灯火の信号と同じである。 ○ 警察官の手信号は、赤色の灯火の信号と同じです。

**問70** □□□ 踏切内でエンストしたとき、オートマチック車は、セルモーターを使う方法で車を踏切外に出すことはできない。 ○ オートマチック車は、セルモーターでの移動はできません。

| | 問題 | 解答 | 解説 |
|---|---|---|---|

**問71**
□□□

普通二輪免許を受けて1年を経過しなければ、一般道路において普通自動二輪車で二人乗りをしてはいけない。

自動二輪車で二人乗りをするには、<u>1年</u>以上の経験が必要です。

---

**問72**
□□□

図の場合、A車は最少限度右側にはみ出して、B車を追い越すことができる。

道幅が6メートル<u>未満</u>でないと右側にはみ出しての追い越しは<u>できません</u>。

---

**問73**
□□□

自動車は、前の車が右折のため右側に進路を変えようとしているときは、その右側を追い越してはならない。

前車が右に進路を変えようとしているときは、追い越しをして<u>はいけません</u>。

---

**問74**
□□□

前夜に酒を飲み、二日酔いであったが、運転には自信があったので車で出勤した。

アルコールが<u>残っている</u>間は、車を運転して<u>はいけません</u>。

---

**問75**
□□□

眠気を感じたので、窓を開けラジオを聞くなど気分転換をして、そのまま運転を続けた。

眠気を感じたときは、運転を<u>続けて</u>はいけません。車を安全な場所に止め、<u>休息を</u>とってから運転しましょう。

---

**問76**
□□□

道路の曲がり角では、対向車と衝突する危険があるので、追い越しは禁止されている。

道路の曲がり角は、<u>追い越し禁止</u>場所として指定されています。

---

**問77**
□□□

交差点付近を通行中、緊急自動車が近づいてきたので、交差点を避け、道路の左側に寄って徐行した。

交差点を<u>避け</u>、道路の<u>左</u>側に寄って<u>一時停止</u>しなければなりません。

---

**問78**
□□□

高速道路を走行中、行き先に迷って本線車道で停止したり、突然進路を変えたりすると危険なので、あらかじめ計画を立てることが大切である。

道に<u>迷わない</u>ように、あらかじめ<u>計画</u>を立てます。

| | 問題 | 解答 | 解説 |
|---|---|---|---|

**問79**
☐☐☐
二輪車は四輪車の運転者に見落とされたり、実際の距離より遠くに見られたり、速度が低く見られたりするので、交差点では特に右折する四輪車に注意しなければならない。

○

二輪車は車体が小さく見落とされることがあるので、十分注意して運転する必要があります。

---

**問80**
☐☐☐
図の標示は、路側帯の中に入って、駐車や停車することはできないことを示しており、軽車両の通行もできない。

路側帯 →

○

「歩行者用路側帯」を表し、軽車両の通行も禁止されています。

---

**問81**
☐☐☐
交通が今混雑しているところでは、二輪車は路側帯を通ってもよい。

✕

二輪車であっても、路側帯を通行してはいけません。

---

**問82**
☐☐☐
自動車や原動機付自転車を運転するときは、運転免許証を携帯し、「眼鏡等使用」などの記載されている条件を守らなければならない。

○

運転免許証を携帯し、記載されている条件を守って運転しなければなりません。

---

**問83**
☐☐☐
普通免許で運転できるのは、普通自動車と原動機付自転車で、小型特殊自動車は運転できない。

✕

普通免許を取得すると、普通自動車はもちろん、小型特殊自動車と原動機付自転車も運転できます。

---

**問84**
☐☐☐
同一方向に2つの車両通行帯があるとき、普通自動車は右側の車両通行帯を通行し、そのほかの車両は左の車両通行帯を通行しなければならない。

✕

右側は追い越しなどのためにあけておき、すべての車は左側の通行帯を通行します。

---

**問85**
☐☐☐
高速道路でやむを得ず駐車するときでも、路肩や路側帯に駐車することはできない。

✕

故障などでやむを得ない場合は、駐停車することができます。

---

**問86**
☐☐☐
二輪車は、四輪車の運転者から、距離は実際より近く、速度は実際より速く判断されやすい。

✕

二輪車は車体が小さいため、距離は遠く、速度は遅く判断されやすくなります。

| | | | |
|---|---|---|---|
| **問87**<br>☐☐☐ | 図の標識は、大型貨物自動車が時速50キロメートルを超えて走行できないことを示している。   | ◯ | 大型貨物自動車の<u>最高速度</u>を表しています。 |
| **問88**<br>☐☐☐ | 1人で歩いている子どものそばを通るときは、警音器で注意をうながして通行する。 | ✕ | 警音器は<u>鳴らさず</u>に、徐行か<u>一時停止</u>して安全に通行できるようにします。 |
| **問89**<br>☐☐☐ | オートマチック車の運転は、運転の基本を理解し、その手順を守り、正確に操作することが必要である。 | ◯ | オートマチック車は、マニュアル車に比べ<u>操作</u>は軽減されますが、安易な気持ちで取り扱って<u>はいけません</u>。 |
| **問90**<br>☐☐☐ | 横断歩道のないところでは、横断する歩行者より車のほうが優先である。 | ✕ | <u>一時停止</u>をするなどして、歩行者の通行を妨げて<u>はいけません</u>。 |

| | | | |
|---|---|---|---|
| **問91** | 時速20キロメートルで進行しています。交差点を直進するときは、どのようなことに注意して運転しますか？ | | |

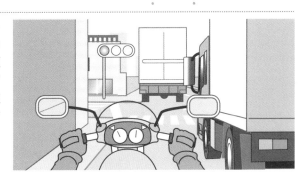

| | | | |
|---|---|---|---|
| **(1)**<br>☐☐☐ | 自分の車の進路はあいていて、特に危険はないと思うので、このままの速度で進行する。 | ✕ | トラックに<u>巻き込まれ</u>たり、右折車と<u>衝突</u>するおそれがあります。 |
| **(2)**<br>☐☐☐ | トラックが急に左折して巻き込まれるかもしれないので、このまま進行しないで、トラックの後ろを追従する。 | ◯ | トラックに<u>巻き込まれる</u>おそれがあります。 |
| **(3)**<br>☐☐☐ | トラックのかげから対向車が右折してくるかもしれないので、このまま進行しないで、トラックが交差点を通過するのを待つ。 | ◯ | 右折車が進行してきて<u>衝突</u>するおそれがあります。 |

**問92** 踏切の直前を時速5キロメートルで進行しています。踏切を通過するときは、どのようなことに注意して運転しますか？

| (1) | 歩行者や自転車の横でトラックと行き違うと危険なので、停止位置で停止して、トラックが通過してから発進する。 | ○ | 発進するタイミングを<u>遅らせて</u>、トラックが<u>通過</u>してから<u>発進</u>します。 |

| (2) | 遮断機が上っていて電車はすぐにはこないと思うので、左右の安全を確かめずに急いで踏切を通過する。 | × | 遮断機が上っていても、左右の安全を<u>確認</u>しなければなりません。 |

| (3) | 歩行者や自転車が進路の前方に出てくるかもしれないので、停止位置で停止して、その動きに注意して進行する。 | ○ | 歩行者や自転車が進路の前方に出てくるおそれがあるので、<u>危険</u>を予測します。 |

**問93** 時速40キロメートルで進行しています。どのようなことに注意して運転しますか？

| (1) | 右の車が交差点に進入してくるかもしれないので、速度を落とし、注意して進行する。 | ○ | <u>右</u>側の車の<u>動き</u>に注意しながら進行します。 |

| (2) | 対向車が先に右折するかもしれないので、その動きに注意して進行する。 | ○ | 対向車の動きに注意しながら<u>進行</u>します。 |

| (3) | 左側のかげから歩行者や車が出てくるかもしれないので、注意して進行する。 | ○ | 左側のかげからの<u>飛び出し</u>に注意しながら<u>進行</u>します。 |

問94
時速50キロメートルで進行しています。右前方に駐車車両があり、その後方から対向車が接近しているときは、どのようなことに注意して運転しますか？

(1) 下り坂の対向車は加速がついており、駐車車両の手前で停止することができずに、そのまま走行してくると思われるので、減速してその付近で行き違わないようにする。

対向車の動向に注意して、速度を落とします。

(2) 自分の車は上り坂にさしかかっており、下り坂の対向車は、停止して道を譲ると思われるので、このままの速度で進行する。

対向車は、停止して道を譲るとは限りません。

(3) 対向車が中央線をはみ出してくると思われるので、その前に行き違えるように加速して進行する。

対向車と衝突するおそれがあります。

問95
高速道路の本線車道を時速80キロメートルで進行しています。トンネルに入るときは、どのようなことに注意して運転しますか？

(1) 高速でトンネルに入ると、視力が急激に低下するので、加速して前車との車間距離をつめる。

前車に追突するおそれがあります。

(2) 前車が急に速度を落とすかもしれないので、車間距離を十分にとる。

車間距離を十分にとります。

(3) 高速でトンネルに入ると、視力が急激に低下するので、あらかじめ手前で速度を落として進行する。

視力が急激に低下するので、速度を落とします。

| | 問題 | 解答 | 解説 |
|---|---|---|---|
| **問1** □□□ | 睡眠作用のあるかぜ薬や頭痛薬を服用したときは、車の運転をしないようにしたほうがよい。 | ○ | 運転中に<u>眠け</u>をもよおすおそれがあるので、運転は<u>控え</u>ましょう。 |
| **問2** □□□ | 進路変更が終了していても、しばらくの間は方向指示器による合図を続けたほうがよい。 | × | 進路変更が<u>終了</u>したら、<u>ただちに</u>合図を止めなければなりません。 |
| **問3** □□□ | オートマチック車のエンジンブレーキは効果がないので、下り坂を下るときはフットブレーキとハンドブレーキを使って走行する。 | × | <u>エンジン</u>ブレーキを活用し、<u>フット</u>ブレーキは補助的に使用します。 |
| **問4** □□□ | トンネルの中や濃い霧などで視界が悪いとき、右側の方向指示器を出して走行すると、相手の判断を誤らせ、迷惑になるのでしてはならない。 | ○ | 右折などを<u>しない</u>のに右側の方向指示器を<u>出して</u>走行してはいけません。 |
| **問5** □□□ | 二輪車のブレーキは、エンジンブレーキを使い、前輪、後輪ブレーキを別々にかけるとよい。 | × | <u>前後</u>輪のブレーキを<u>同時</u>に使用します。 |
| **問6** □□□ | 図の標識は、積んだ荷物も含めて幅が2.2メートルを超える車の通行を禁止している。 | ○ | 「<u>最大幅</u>」の標識で、積んだ荷物も含めて幅が<u>2.2</u>メートルを超える車の通行が禁止されています。 |
| **問7** □□□ | 雪道で凍っている道路では、スノータイヤやタイヤチェーンを取り付けているだけでなく、速度を落として十分な車間距離を保つように心がける。 | ○ | スノータイヤやチェーン装着車でも、<u>スリップ</u>するおそれがあります。 |

次の問題を読んで、正しいと思うものについては「○」、誤りと思うものについては「×」で答えなさい。なお、問 91 ～問 95 のイラスト問題については、(1) ～ (3) のすべてが正解しないと得点になりません。

**配点**
問1～問90 :各1点
問91～問95:各2点

| | 問題 | 解答 | 解説 |
|---|---|---|---|
| 問8 □□□ | 交通事故が起きたときは、過失の大きいほうが警察官に届けなければならない。 | × | 過失の度合いに関係なく、どちらも届け出なければなりません。 |
| 問9 □□□ | 児童・園児などの乗り降りのために停止している通学・通園バスの側方を通るときは、後方で一時停止して安全を確かめなければならない。 | × | 徐行して安全を確かめる必要はありますが、一時停止する義務はありません。 |
| 問10 □□□ | 警察官が腕を水平に上げているとき、その身体の正面に対面する交通は、赤色の灯火信号と同じ意味である。 | ○ | 身体の正面に対面する交通は赤色の灯火信号と同じ意味を表します。 |
| 問11 □□□ | 交差点と交差点付近以外のところでは、緊急自動車が近づいてきたときは、道路の左側に寄って進路を譲ればよい。 | ○ | 道路の左側に寄って、緊急自動車に進路を譲ります。 |
| 問12 □□□ | 図のような道幅が同じ道路の交差点に同時に入ろうとする場合は、二輪車Aは四輪車Bの進行を妨げてはならない。 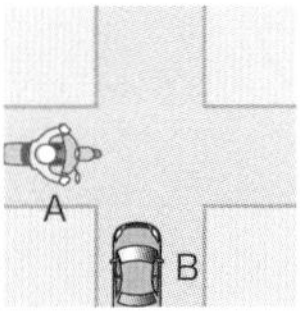  | × | 左方優先になるので、BはAの進行を妨げてはいけません。 |
| 問13 □□□ | 二輪車を運転中、ギアをいきなり高速からローに入れると、エンジンを傷めたり転倒したりするので、減速するときは順序よくシフトダウンするようにする。 | ○ | 減速するときは、順序よくシフトダウンしていきます。 |
| 問14 □□□ | 踏切を通過するときは、踏切の直前で一時停止をしなければならないが、信号機のある踏切では、信号機に従って通過することができる。 | ○ | 青信号に従って踏切を通過するときは、一時停止する必要はありません。 |

| | 問題 | 解答 | 解説 |
|---|---|---|---|
| 問15 □□□ | 荷台に荷物を積むときの幅は、貨物自動車であっても車体の幅を超えてはならない。 | ✕ | 自動車の幅の1.2倍まではみ出して積むことができます。 |
| 問16 □□□ | 雨天のアスファルト道路はきれいになるから、タイヤとの摩擦抵抗は大きくなり、晴天の場合より制動距離が短くなる。 | ✕ | 雨天時はタイヤとの摩擦抵抗が小さくなり、制動距離は長くなります。 |
| 問17 □□□ | 図の標識があるところでは、人待ちのための停車はできるが、駐車することはできない。 | ✕ | 人待ちであっても、駐停車してはいけません。 |
| 問18 □□□ | バスや路面電車の停留所の標示板（柱）から10メートル以内の場所は、運行時間中であっても、人の乗り降りのためであれば止めることができる。 | ✕ | 運行時間中は駐停車禁止の場所で、人の乗り降りのためでも止められません。 |
| 問19 □□□ | 高速自動車国道の本線車道を時速80キロメートルで走行するときは、40メートル程度の車間距離を保持しなければならない。 | ✕ | 設問の場合は、晴天時に約80メートルの車間距離が必要です。 |
| 問20 □□□ | 急ブレーキをかけるとき、二輪車の場合は、車輪の回転が止まるまで強くかける。 | ✕ | 車輪の回転を止めないように、ブレーキを調整しながら使用します。 |
| 問21 □□□ | 運転者は、つねに天候や路面の状態を考え、前の車が急に止まっても追突しないような安全な車間距離をとらなければならない。 | ◯ | 前車に追突しないように、安全な車間距離を保たなければなりません。 |
| 問22 □□□ | 自動車を運転するとき、運転免許証は携帯していなければならないが、自動車検査証や自動車損害賠償責任保険証明書、または責任共済証明書までは携帯する必要はない。 | ✕ | 自動車検査証や保険証明書も車に備え付けておかなければなりません。 |

| | 問題 | 解答 | 解説 |
|---|---|---|---|
| 問23 □□□ | シートベルトは、運転者自身が着用しなければならないが、同乗者には着用させる必要はない。 | ✕ | シートベルトは、運転者はもちろん、同乗者も着用させなければなりません。 |
| 問24 □□□ | 図の標示は、その中に停車してはならないことを示している。 | ✕ | 「立入り禁止部分」を表し、中に入ってはならないことを示している。 |
| 問25 □□□ | 踏切を通過するときは、一方からの列車が通過しても、その直後に反対方向からの列車が近づいてくることがあるので、必ず反対方向の安全も確認しなければならない。 | ◯ | 反対方向からの列車にも注意しなければなりません。 |
| 問26 □□□ | 車のドアを閉めるときは、閉まる手前でいったん止め、最後は力を入れて閉めるようにすると半ドアを防ぐことができる。 | ◯ | 半ドア防止と同時に、手や指などをはさんでしまうことを防ぐ意味があります。 |
| 問27 □□□ | 信号が青色の灯火を表示しているとき、原動機付自転車は、どんな場合も自動車と同じ方法で右折することができる。 | ✕ | 3車線以上の交差点などでは、二段階の方法で右折しなければなりません。 |
| 問28 □□□ | 二輪車でカーブを回るときは、その手前の直線部分であらかじめ十分速度を落とす。 | ◯ | カーブに入ってからブレーキをかけずにすむようにします。 |
| 問29 □□□ | 普通免許で小型特殊自動車と原動機付自転車を運転することができる。 | ◯ | 小型特殊自動車と原動機付自転車も運転できます。 |
| 問30 □□□ | 図の標識は、この先に押しボタン式の信号機があることを表している。 | ✕ | 「信号機あり」の警戒標識ですが、押しボタン式の信号とは限りません。 |

Part3 実戦模擬テスト 本免許第4回

| 問題 | 解答 | 解説 |
|------|------|------|
| **問31** ☐☐☐ 遮断機のある踏切で遮断機が上っているときは、徐行して通過してもよい。 | ✕ | 遮断機が上っていても、<u>一時停止</u>して安全を確かめなければなりません。 |
| **問32** ☐☐☐ 夜間、二輪車を運転するときは、反射性の衣服または反射材のついた乗車用ヘルメットを着用したほうがよい。 | ◯ | ほかの運転者の<u>目につく</u>ような服装で運転します。 |
| **問33** ☐☐☐ 一方通行の道路では、道路の中央から右の部分に入って通行することができる。 | ◯ | 一方通行の道路は<u>反対方向</u>から車がこないので、右の部分に入って通行できます。 |
| **問34** ☐☐☐ 右側通行の標示があるところでは、右側部分へはみ出して通行できるが、はみ出し方はできるだけ少なくしなければならない。 | ◯ | はみ出し方はできるだけ<u>少なく</u>します。 |
| **問35** ☐☐☐ 駐車している車を発進させるときは、発進の合図を出すとともに、右後方および周囲の安全を確認し、ほかの交通に迷惑を及ぼさないように発進する。 | ◯ | 周囲の安全を十分確認し、安全に<u>発進</u>しましょう。 |
| **問36** ☐☐☐ 図の標識では、二輪の自動車以外の自動車は通行できない。  | ◯ | 「<u>二輪の自動車以外の自動車通行止め</u>」を表します。 |
| **問37** ☐☐☐ たばこの吸いがらや紙くずは、別に危険がないので、走行中の車から投げ捨ててもよい。 | ✕ | ほかの道路利用者に危険を<u>およぼす</u>ので、吸いがらなどを投げ捨てて<u>はいけません</u>。 |
| **問38** ☐☐☐ 交通整理の行われていない交差点で、狭い道路から広い道路へ入ろうとするときは、徐行しなければならない。 | ◯ | 狭い道路から広い道路へ入るときは、<u>徐行</u>して広い道路を通行する車の通行を<u>妨げて</u>はいけません。 |

| | 問題 | 解答 | 解説 |
|---|---|---|---|

**問39**
□□□

二輪車でカーブを曲がるときは、遠心力の影響をおさえて曲がるようにし、両ひざをタンクに密着させ、車体と体を傾けて自然に曲がる。

○

カーブでは遠心力が働くので、車体を傾けて自然に曲がる要領で行います。

**問40**
□□□

歩行者が通行していない路側帯では、原動機付自転車に乗車して通行してもよい。

×

原動機付自転車は、路側帯を通行してはいけません。

**問41**
□□□

二輪車で曲がり角やカーブを走行するとき、カーブの途中では、クラッチを切らないで、スロットルで速度を加減しながら曲がるとよい。

○

クラッチを切らず、スロットルで速度を調整しながら曲がります。

**問42**
□□□

二輪車には、レバーを使う前輪ブレーキとペダルなどを使う後輪ブレーキがある。

○

そのほかスロットルを戻すエンジンブレーキがあります。

**問43**
□□□

図の標識をつけている車に対しては、追い越しや追い抜きが禁止されている。

×

「聴覚障害者マーク」をつけた車への追い越しや追い抜きは禁止されていません。

**問44**
□□□

本線車道とは、高速道路で通常高速走行する部分（加速車線、減速車線、登坂車線、路側帯、路肩を除いた部分）をいう。

○

高速道路の本線車道とは、通常に高速走行する部分をいいます。

**問45**
□□□

安全地帯のある停留所で路面電車が停止していて、乗り降りする人がいない場合は、そのままの速度で通過してよい。

×

徐行して進まなければなりません。

**問46**
□□□

大地震が発生したので、急ハンドルや急ブレーキを避け、運転中の車を道路の左側の空き地に止め、エンジンキーをつけたまま避難した。

○

誰でも移動できるように、エンジンキーをつけたまま避難します。

| | 問題 | 解答 | 解説 |
|---|---|---|---|
| 問47 ☐☐☐ | 見通しのきかない交差点の手前では、必ず警音器を使用して、周囲に自分の車の存在を知らせなければならない。 | ✕ | 警音器は、指定された場所と危険を防止する場合以外は、むやみに使用してはいけません。 |
| 問48 ☐☐☐ | 二輪車でブレーキをかけるときは、上体が前のめりにならないよう、後方に体をそらすようにするとよい。 | ✕ | 上体が前後に動かないように、正しい乗車姿勢を保ちます。 |
| 問49 ☐☐☐ | 交差点以外の横断歩道や踏切のないところで、警察官が手信号による交通整理をしているときは、その手信号に従わなくてもよい。 | ✕ | 警察官の手信号には従わなければなりません。 |
| 問50 ☐☐☐ | 図の標識のあるところでは、標識の向こう側（背面）には駐車してもよいが、こちら側（手前）には駐車してはならない。 | ◯ | 「駐車禁止区間の終わり」を表すので、標識の手前には駐車できません。 |
| 問51 ☐☐☐ | 最大積載量3000キログラムの貨物自動車は、普通免許で運転できる。 | ✕ | 最大積載量2000キログラム以上は、普通免許では運転できません。 |
| 問52 ☐☐☐ | 高速道路の登坂車線は、荷物を積んだ大型貨物自動車以外の車は通行してはならない。 | ✕ | 最低速度を維持できなくなった車は、どんな車でも通行できます。 |
| 問53 ☐☐☐ | 万が一に備えて、救急用品を車に備え付けておくとよい。 | ◯ | 万が一の事故に備え、救急用品を備えておく必要があります。 |
| 問54 ☐☐☐ | がけから落ちる可能性のある道路で行き違うときは、がけ側でないほうの車が止まって待つべきである。 | ✕ | 危険ながけ側の車が止まり、対向車に道を譲ってから安全に通行します。 |

| | 問題 | 解答 | 解説 |
|---|---|---|---|
| 問55 □□□ | 災害が発生し、道路が通行禁止区間に指定されたときは、たとえ道路が混雑していても、その区間以外の場所に車を移動させなければならない。 | ○ | 指定に従い、その区間以外の場所に車を移動させなければなりません。 |
| 問56 □□□ | 上り坂では発進が難しいので、下りの車が上りの車に道を譲るが、近くに待避所があるときは、上りの車でもその待避所に入って待つとよい。 | ○ | 上り下りに関係なく、待避所のある側の車がそこに入って道を譲ります。 |
| 問57 □□□ | 前方の交差点を左折しようとするときは、左側を進行する車の安全を考え、道路の中央に寄ってから徐行しながら左折する。 | × | あらかじめ道路の左端に寄り、交差点の側端に沿って徐行しながら通行します。 |
| 問58 □□□ | 図の標示のような幅の広い路側帯があるところでは、車はその中に入り、0.75メートル以上の余地をあけて駐停車できる。　路側帯 | ○ | 「路側帯」を表し、その幅が広い(0.75メートルを超える)ときは、その中に入り、0.75メートル以上の余地をあけて駐停車します。 |
| 問59 □□□ | 大型免許を取得すれば、大型特殊自動車を運転することができる。 | × | 大型免許では、大型特殊自動車を運転できません。 |
| 問60 □□□ | 付近に幼稚園や学校、遊園地があるところや、「学校、幼稚園、保育所等あり」の標識があるところでは、子どもの飛び出しに特に注意する。 | ○ | 子どもの急な飛び出しを予測して、注意して走行します。 |
| 問61 □□□ | 自家用の普通乗用自動車は、定期点検を受けなければならないが、日常点検は特に行う必要はない。 | × | 12か月ごとに定期点検を実施し、適切な時期に日常点検も行わなければなりません。 |
| 問62 □□□ | 運転免許証を紛失中であっても、警察に届けておけば車を運転してもよい。 | × | 免許証の不携帯となるので、再交付を受けてから運転します。 |

| | 問題 | 解答 | 解説 |
|---|---|---|---|

| 問63 ☐☐☐ | 夜間は、昼間に比べて視界が悪く、歩行者や自転車などが見えにくく発見が遅れるので、同じ道路でも昼間より速度を落として運転しなければならない。 | ◯ | 夜間は、昼間より速度を<u>落として</u>通行します。 |

| 問64 ☐☐☐ | 車を運転中、同じ方向に進行しながら進路を左方に変えるときの合図の時期は、ハンドルを切り始めようとするときである。 | ✕ | 左に進路を変えるときの合図の時期は、進路を変えようとする<u>約3秒</u>前に行います。 |

| 問65 ☐☐☐ | 図の標識は、車両の停止位置を示すものであるから、道路に白線で示されている停止線と同じである。  | ◯ | 道路標示の「<u>停止線</u>」と同じ意味であり、<u>未舗装</u>の道路や<u>雪道</u>などで使用されています。 |

| 問66 ☐☐☐ | 違法に駐車している車に対しては、「放置車両確認標章」が取り付けられることがあり、その車の使用者は放置違反金の納付を命じられることがある。 | ◯ | 使用者に対して<u>放置違反金</u>の納付を命じられることがあります。 |

| 問67 ☐☐☐ | 急ハンドルや急発進によって後輪が横滑りしたときは、急ブレーキをかけて止めるとよい。 | ✕ | 急ブレーキはかけずに、後輪が横滑り<u>したほう</u>にハンドルを切ります。 |

| 問68 ☐☐☐ | 高速道路を通行する場合は、燃料、冷却水、エンジンオイルの不足などにより、高速道路上で停止することのないように、特に点検しなければならない。 | ◯ | 高速道路上で<u>停止する</u>ことのないように、あらかじめ車の状態をよく<u>点検</u>しておきましょう。 |

| 問69 ☐☐☐ | 一方通行の道路から前方の交差点を左折するときは、交差点の側端に沿って徐行しながら通行しなければならない。 | ◯ | 一方通行の道路<u>でも</u>通常の左折の方法と<u>同じく</u>、交差点の側端に沿って<u>徐行</u>しながら通行します。 |

| 問70 ☐☐☐ | 走行中にタイヤがパンクしたときは、ハンドルを握る手を緩め、急ブレーキをかける。 | ✕  | 急ブレーキは<u>危険</u>です。ハンドルを<u>しっかり握り</u>、<u>断続</u>ブレーキで車を止めます。 |

**問71**

□□□

リヤカーをけん引している普通自動二輪車は、エンジンを切って押して歩く場合は、歩行者として扱われる。

✕

リヤカーをけん引している場合は、歩行者として見なされません。

---

**問72**

□□□

図のAは、Bが通りすぎるまで交差点の中で待っていなければならない。

○

右折する車は、直進する車の進行を妨げてはいけません。

---

**問73**

□□□

自動車で左折するときは、二輪車などを巻き込まないように左幅を十分あけてから左折する。

✕

二輪車などを巻き込まないように、あらかじめ道路の左端に寄ってから左折しなければなりません。

---

**問74**

□□□

オートマチック車のエンジンを始動するときは、ハンドブレーキをかけ、チェンジレバーが「P」の位置にあることを確認し、ブレーキペダルを踏んで行う。

○

エンジンを始動するときは、「P」の位置であることを確認し、ブレーキペダルを踏んで行います。

---

**問75**

□□□

長時間の運転は、2時間に1回は休息をとり、また、眠気を感じたら安全な場所で休息をとるのがよい。

○

少なくとも2時間に1回は休息をとります。

---

**問76**

□□□

見通しの悪い交差点にさしかかったところ、交差道路に一時停止の標識があるのが見えたので、交差道路の車は一時停止してくれると思い、そのままの速度で進行した。

✕

止まるとは限らないので、徐行して追突に備えて進行します。

---

**問77**

□□□

ほかの車をけん引している場合は、その車の構造に関係なく、高速自動車国道を通行することができる。

✕

ロープやクレーンでけん引している自動車は、通行できません。

---

**問78**

□□□

二輪車を運転するとき、乗車用ヘルメットの着用は、運転する距離が短い場合、または乗り降りすることが頻繁な場合には免除される。

✕

短い距離であっても、必ずヘルメットを着用しなければなりません。

Part3 実戦模擬テスト 本免許第4回

| | 問題 | 解答 | 解説 |
|---|---|---|---|
| 問79 ☐☐☐ | 図の標示に示されている時間帯は、指定されている車以外（小型特殊自動車、原動機付自転車、軽車両を除く）は通行してはいけない。 | ◯ | 「バス専用通行帯」を表し、指定車以外は原則として通行できません。 |
| 問80 ☐☐☐ | 道路外に出るため歩道を横切るときは、歩行者がいるときは一時停止し、いなければ徐行で通行することができる。 | ✕ | 歩行者の有無にかかわらず、一時停止しなければなりません。 |
| 問81 ☐☐☐ | センターラインは、必ず道路の中央にあるとは限らない。 | ◯ | 中央線は、必ずしも道路の中央に引かれているとは限りません。 |
| 問82 ☐☐☐ | 普通第一種免許では、ハイヤーやタクシーを営業のため運転することはできないが、回送する目的であれば運転してもよい。 | ◯ | 回送する目的であれば、ハイヤーやタクシーを運転することができます。 |
| 問83 ☐☐☐ | 道路の左側に路線バスの専用通行帯が指定されているところでは、左折するときであっても、そのレーンは通行できない。 | ✕ | 左折する場合や道路工事などでやむを得ない場合は、通行することができます。 |
| 問84 ☐☐☐ | 高速になればなるほど、ハンドルの切り方は、遅めに大きくする。 | ✕ | 速度が速くなるほど、ハンドルを早めに小さく操作する必要があります。 |
| 問85 ☐☐☐ | 二輪車は機動性に富むが、車と車の間をぬうように運転してはならない。 | ◯ | 車の間をぬうような運転は危険なのでしてはいけません。 |
| 問86 ☐☐☐ | 図の標識は「自転車一方通行」を表し、自転車は矢印の示す方向の反対方向には通行できない。 | ◯ | 標識は「自転車一方通行」を表し、自転車は矢印の示す方向の反対方向には通行できません。 |

| | 問題 | 解答 | 解説 |
|---|---|---|---|

**問87** □□□ 決められた速度の範囲内であっても、急発進や急加速を繰り返してはならない。

○

急発進や急加速は騒音や有害なガスを発生し他人に迷惑をかけるので、行ってはいけません。

**問88** □□□ 0.75メートル以下の路側帯のある道路に駐車するときは、車道の左側端に沿わなければならない。

○

路側帯に入らずに、車道の左側端に沿って駐車します。

**問89** □□□ 高速道路の本線車道では、横断や転回は禁止されているが、必要最小限の後退は認められている。

✕

距離に関係なく、後退も禁止されています。

**問90** □□□ 横断歩道に近づいたときは、横断する人や横断しようとしている人がいないことが明らかな場合でも、その手前で停止できるような速度で進まなければならない。

✕

明らかに横断者がいない場合は、そのまま進行できます。

**問91** 交差点を左折するため時速10キロメートルに減速しました。どのようなことに注意して運転しますか？

**(1)** □□□ 右側から無灯火の自転車がきており、視界が悪くて見落としやすいので、交差点の手前で停止する。

○

停止して、自転車を安全に通過させます。

**(2)** □□□ 後ろから車が近づいているので、すばやく左折する。

✕

自転車や歩行者と接触するおそれがあります。

**(3)** □□□ 交差点の左に歩行者がいるが、横断歩道もなく横断するようすもないので、自転車に注意しながら左折する。

✕

停止して、歩行者を安全に通過させます。

**問92**

時速40キロメートルで進行しています。対向車線の車が渋滞のため止まっているときは、どのようなことに注意して運転しますか？

**(1)** 対向車の間から歩行者が出てくるかもしれないので、警音器を鳴らして、このままの速度で進行する。

 警音器は鳴らさず、速度を落として進行します。

**(2)** 自転車が急に道路を横断するかもしれないので、追突されないようにブレーキを数回に分けて踏み、速度を落として進行する。

○ 後続車に注意しながら、速度を落とします。

**(3)** 後続の二輪車は、自分の車の右側を通ってくると危険なので、できるだけ中央線に寄ってそのままの速度で進行する。

× 渋滞のかげから歩行者や自転車が出てくるおそれがあります。

---

**問93**

時速30キロメートルで進行しています。どのようなことに注意して運転しますか？

**(1)** 路面に水がたまり、歩行者がこれを避けて自分の車の前に出てくるかもしれないので、速度を落とし、歩行者の動きに注意して進行する。

○ 歩行者が自車の前に出てくるおそれがあります。

**(2)** 歩行者は、自分の車の接近に気づいていると思うので、そのままの速度で進行する。

× 自車の接近に気づいているとは限りません。

**(3)** 路面に水がたまり、歩行者に雨水をはねて迷惑をかけるかもしれないので、速度を落として進行する。

○ 雨水をはねないように、速度を落とします。

**問94** 高速道路を時速80キロメートルで進行しています。左側の車が自分の車と同じくらいの速度で走行しているときは、どのようなことに注意して運転しますか？

**(1)** 左の車が加速車線から本線車道に入りやすいように、このままの速度で進行する。

後続車に注意しながら減速するか、右の車線に進路変更します。

**(2)** 本線車道にいる自分の車は、加速車線の車より優先するので、加速して進行する。

加速車線の車は、自車に気づかずに進路変更してくるおそれがあります。

**(3)** 加速車線の車がいきなり本線車道に入ってくるかもしれないので、右後方の安全を確認したあと、右側へ進路を変更する。

安全に進路変更できるように、右の車線へ進路変更します。

---

**問95** 時速40キロメートルで進行しています。前方の車庫から車が出て止まったときは、どのようなことに注意して運転しますか？

**(1)** 車庫の車が急に左折を始めると自分の車は左側端に避けなければならないので、減速してそのようすを見ながら注意して進行する。

減速して、前方の車の動きに注意します。

**(2)** 車庫の車は、自分の車を止まって待っていると思われるので、待たせないように、やや加速して進行する。

前方の車は、自車の進行を待ってくれるとは限りません。

**(3)** 車庫の車がこれ以上前に出ると、自分の車は進行することができなくなるので、警音器を鳴らして、自分の車が先に行くことを知らせる。

警音器は鳴らさず、速度を落として進行します。

# 第❺回 本免模擬テスト

| | 問題 | 解答 | 解説 |
|---|---|---|---|
| 問1 ☐☐☐ | 車は、ほかの車の前方に急に割り込んだり、並進している車に幅寄せしたりしてはならない。 | ○ | 幅寄せや割り込みは、してはいけません。 |
| 問2 ☐☐☐ | 近くに交差点のない道路で緊急自動車に進路を譲るときは、必ずしも一時停止しなくても道路の左側に寄ればよい。 | ○ | 道路の左側に寄って進路を譲れば、一時停止する必要はありません。 |
| 問3 ☐☐☐ | オートマチック車を駐車するときは、フットブレーキを踏んだままハンドブレーキを引き、チェンジレバーを「P」の位置に入れるのが正しい。 | ○ | チェンジレバーを「P」に入れて駐車します。 |
| 問4 ☐☐☐ | 二輪車は手軽な乗り物なので、四輪車と違って、あまり運転技術を必要としない。 | ✕ | 停止すると安定性が失われるので、四輪車と違った運転技術が必要です。 |
| 問5 ☐☐☐ | 図の標識は、大型自動二輪車や普通自動二輪車で二人乗りをして通行してはいけないことを表している。  | ○ | 「大型自動二輪車および普通自動二輪車二人乗り通行禁止」を表します。二人乗りをして通行してはいけません。 |
| 問6 ☐☐☐ | 二輪車のマフラーは、取り外しても事故の原因にはならないので、取り外して運転してもよい。 | ✕ | 取り外すと、騒音が大きくなり周囲に迷惑をかけることになります。 |
| 問7 ☐☐☐ | 夜間、道路に駐停車するときは、道路照明などにより50メートル後方から見える場所であっても、必ず非常点滅表示灯、駐車灯または尾灯をつけなければならない。 | ✕ | 道路照明などで50メートル後方から見える場所であれば、非常点滅表示灯などはつける必要がありません。 |

次の問題を読んで、正しいと思うものについては「○」、誤りと思うものについては「×」で答えなさい。なお、問91～問95のイラスト問題については、(1)～(3)のすべてが正解しないと得点になりません。

| | 問題 | 解答 | 解説 |
|---|---|---|---|

**問8** □□□
交差点で交差道路へ入ろうとする場合、交差道路が優先道路であるときは、必ず一時停止しなければならない。
× 
必ず一時停止ではなく、必ず徐行しなければなりません。

**問9** □□□
警察官が交差点内で灯火を頭上に上げている場合は、どの方向の交通もすべて信号機の赤色の灯火信号と同じである。
×
身体の正面に平行する交通は黄色の灯火信号、対面する交通は赤色の灯火信号と同じ意味です。

**問10** □□□
危険防止のためであっても、駐停車禁止の場所に車を止めてはならない。
×
危険防止のときは、駐停車禁止場所でも止めることができます。

**問11** □□□
道路の左側に車庫がある場合、図の車庫入れの方法は適切である。

○
前進して、バックで車庫に入れます。

**問12** □□□
二輪車を押して歩くとき、エンジンを止めていれば、横断歩道や歩道を通行してもよい（側車付きのもの、けん引しているものを除く）。
○
設問のような場合は、歩行者として扱われます。

**問13** □□□
交通事故の場合、相手に過失があって自分に責任がないときは、警察官に届けなくてもよい。
×
交通事故の場合は、過失の有無にかかわらず警察官に届けます。

**問14** □□□
後退するときの合図は、後退しようとするときに行う。
○
後退の合図は後退するときに行います。

**問15**
□□□
二輪車でカーブを走行するときに、クラッチを切ったり、ギアをニュートラルに変えるのは危険である。

○

クラッチを切ったりギアをニュートラルにすると、<u>エンジンブレーキ</u>を活用できません。

**問16**
□□□
普通仮免許を受けた人は、練習のためであれば、原動機付自転車の運転ができる。

×

<u>普通仮</u>免許では、原動機付自転車を運転<u>してはいけません。</u>

**問17**
□□□
図の標識のあるところでは、車は転回してはならない。

○

設問の標識は「<u>転回禁止</u>」で、<u>U ターン</u>はできません。

**問18**
□□□
標識や標示で最高速度が指定されていない高速自動車国道では、普通自動二輪車と大型自動二輪車の最高速度は、時速100キロメートルである。

○

最高速度は、いずれも時速<u>100</u>キロメートルです。

**問19**
□□□
雨天での高速走行は、ハイドロプレーニング現象が起きることを考え、速度を落として走行しなければならない。

○

タイヤが水に浮く<u>ハイドロプレーニング</u>現象に注意して運転します。

**問20**
□□□
自動車の運転は、認知・判断・操作の繰り返しであるが、このうちどれを怠っても交通事故の原因となる。

○

自動車の運転は、<u>認知</u>・<u>判断</u>・<u>操作</u>の繰り返しです。

**問21**
□□□
原動機付自転車を運転するときのヘルメットは、工事用安全帽でもかまわない。

×

工事用安全帽は、二輪車の乗車用ヘルメット<u>ではない</u>ので使用<u>してはいけません。</u>

**問22**
□□□
追い越しは危険なので、後方の車が追い越しをしようとしたときは、加速して追い越されないようにするとよい。

×

追い越されるときは、追い越しが<u>終わる</u>まで速度を<u>上げて</u>はいけません。

| | | | |
|---|---|---|---|
| 問23 ☐☐☐ | 図の標識は、道路の中央であること、または中央線であることを示している。  |  | 「中央線」を表す指示標識です。 |
| 問24 ☐☐☐ | 原付免許は、第一種免許に含まれる。 |  | 第一種免許は、自動車や原動機付自転車を運転するときに必要な免許です。 |
| 問25 ☐☐☐ | 時速60キロメートルで走行している普通乗用車の停止距離は、乾燥したアスファルト道路の場合で、約20メートル程度となる。 |  | 時速60キロメートルで走行しているときの停止距離は、約44メートルです。 |
| 問26 ☐☐☐ | 踏切では、その手前で一時停止し、列車がこないことを確かめ、踏切の向こう側の交通状況に関係なく、急いで踏切内に入る。 |  | 踏切内で動きがとれなくなるおそれがあるときは、入ってはいけません。 |
| 問27 ☐☐☐ | 自動車損害賠償責任保険や責任共済は、自動車は加入しなければならないが、原動機付自転車は加入しなくてもよい。 |  | 原動機付自転車であっても、加入しなければなりません。 |
| 問28 ☐☐☐ | 道路に面したガソリンスタンドなどに出入りするために歩道や路側帯を横切る場合は、歩行者がいてもいなくても、一時停止しなければならない。 |  | 歩行者の有無にかかわらず、一時停止して安全を確かめます。 |
| 問29 ☐☐☐ | 図の標示のある通行帯を、原動機付自転車で通行した。  |  | 「バス専用通行帯」を表します。小型特殊自動車、原動機付自転車、軽車両は通行することができます。 |
| 問30 ☐☐☐ | 前方の信号が黄色に変わったとき、交差点の手前の停止位置に近づいていたが、安全に停止することができなかったので、交差点に進入して停止し、信号が変わるのを待った。 | ✕ | 安全に停止できないときは、そのまま進行します。 |

| | 問題 | 解答 | 解説 |
|---|---|---|---|

**問31** ☐☐☐ 最高速度が標識などで指定されていない道路では、運転者が安全と思う速度で運転してもよい。 ✕ 最高速度が指定されていない道路では、法定速度を超えて運転してはいけません。

**問32** ☐☐☐ 車両総重量10トンの貨物自動車は、中型免許で運転することができる。 ◯ 車両総重量7.5トン以上11トン未満の貨物自動車は、中型免許で運転することができます。

**問33** ☐☐☐ 山道のカーブの手前では、速度を落とさなくても、惰力で通過すれば安全である。 ✕ カーブの手前では、速度を十分落とさなければなりません。

**問34** ☐☐☐ 後輪が右に横滑りを始めたときは、アクセルを緩めると同時に、ハンドルを右に切って車体を立て直す。 ◯ 後輪が滑った方向にハンドルを切って、車の向きを立て直します。

**問35** ☐☐☐ 二輪車に乗るときは、足を逆8の字にして、ブレーキペダルの上に置く。 ✕ 足先がまっすぐ前方を向くようにし、ステップに土踏まずを乗せます。

**問36** ☐☐☐ 図の標識のある見通しのきかない交差点や道路の曲り角、上り坂の頂上を通行するときは、警音器を鳴らさなければならない。 ◯ 「警笛区間内」の設問の場所では、警音器を鳴らさなければなりません。

**問37** ☐☐☐ 総排気量125ccの普通自動二輪車は高速自動車国道を通行できないが、自動車専用道路は通行することができる。 ✕ 125cc以下の普通自動二輪車は高速道路を通行できません。

**問38** ☐☐☐ 一般道路において、四輪車で前車を追い越して左に進路を変えるときは、追い越した車がルームミラーで見える距離になるまでそのまま進んで進路を変えるようにする。 ◯ 進路を戻すときは、追い越した車がルームミラーで見えるぐらいまで進んでから行います。

**問39**
□□□
かぜ薬や頭痛薬を服用したときは、集中力がなくなったり眠くなったりするので、運転しないようにする。

○

眠けを催すような薬を服用したときは、運転を<u>控えます</u>。

**問40**
□□□
二輪車でカーブを曲がるときは、車体を傾けると横滑りするおそれがあるので、車体を傾けないでハンドルを切って曲がるとよい。

×

二輪車でカーブを曲がるときは、車体と体を<u>傾けて</u>自然に曲がる要領で行います。

**問41**
□□□
交差点で対面する信号が赤色の点滅を表示しているときは、必ず停止位置で一時停止して安全を確かめる。

○

<u>赤</u>色の点滅を表示しているときは、<u>停止位置</u>で一時停止して安全を確かめなければなりません。

**問42**
□□□
路線バスなどの優先通行帯を走行中、通園バスが接近してきたが路線バスではないので、そのまま進行した。

×

通園バスも「<u>路線バスなど</u>」に含まれます。

**問43**
□□□
図のような中央線があるところでは、追い越しのため道路の右側部分にはみ出して通行してはならない。

→
中央線

○

「<u>追越しのための右側部分はみ出し通行禁止</u>」を表します。道路の<u>右</u>側部分にはみ出して追い越しを<u>してはいけません</u>。

**問44**
□□□
高速道路では、冷却水が不足していたり冷却装置から水漏れがあると、オーバーヒートの原因となり危険であるから、必ず点検する必要がある。

○

水の量が<u>適量</u>か、<u>水漏れ</u>はないかなどを点検してから運転するようにします。

**問45**
□□□
普通免許を取得している者は、原動機付自転車を運転して高速自動車国道を通行することができる。

×

原動機付自転車は、高速道路を通行<u>できません</u>。

**問46**
□□□
標識や標示によって一時停止が指定されている交差点で、ほかの車などがなく、特に危険がない場合は、一時停止する必要はない。

×

標識などで指定されている場合は、必ず<u>一時停止</u>しなければなりません。

| | 問題 | 解答 | 解説 |
|---|---|---|---|
| 問47 □□□ | エンジンブレーキは、低速ギアになるほど制動力は大きくなる。 | ○ | エンジンブレーキは、低速ギアになるほど、制動力は大きくなります。 |
| 問48 □□□ | 普通自動車は、故障車をロープで2台までけん引することができる。 | ○ | 普通自動車で故障車をロープでけん引するときの台数は2台までです。 |
| 問49 □□□ | 長い下り坂を走行中にブレーキが効かなくなったときは、ギアをニュートラルにするとよい。 | × | 低速ギアに切り替えて、エンジンブレーキを使用します。 |
| 問50 □□□ | 停止禁止部分の標示がある消防署前の道路の標示部分には、停止することができないが、消防署以外のところであれば、停止禁止部分の標示の部分に入って停止してもよい。 | × | 消防署以外の場所でも、停止禁止部分のある場所では、その中に入って停止してはいけません。 |
| 問51 □□□ | 図の標識は、この先に横断歩道があることを示している。 | × | 「学校、幼稚園、保育所などあり」を表す警戒標識です。 |
| 問52 □□□ | 車に乗り降りするときは、交通量が多いところでも、右側のドアから乗り降りしなければならない。 | × | 交通量が多いときは、左側のドアから乗り降りします。 |
| 問53 □□□ | 大型特殊免許を受けていれば、大型自動二輪車を運転することができる。 | × | 大型特殊免許では、大型特殊自動車、小型特殊自動車、原動機付自転車しか運転できません。 |
| 問54 □□□ | 放置行為とは、違法な駐車をした場合において運転者が車を離れてただちに運転することができない状態にする行為をいう。 | ○ | 放置行為は違法駐車になるので禁止されています。 |

| | 問題 | 解答 | 解説 |
|---|---|---|---|
| **問55**<br>□□□ | 道路を安全に通行するためには、警音器をできるだけ多く使ったほうがよい。 | ✕ | 警音器は、<u>指定された</u>場所と<u>危険を防止する</u>場合以外は、むやみに使用してはいけません。 |
| **問56**<br>□□□ | 踏切内を通過するときは、エンストを防止するため、早めに変速を行い一気に通過するのがよい。 | ✕ | <u>変速</u>操作をしないで、<u>低速</u>ギアのまま一気に通過します。 |
| **問57**<br>□□□ | 交差点が近くにない道路で、緊急自動車が近づいてきたときは、左側に寄れば、一時停止までしなくてもよい。 | ◯ | <u>左</u>側に寄り進路を譲れば、必ずしも<u>一時停止</u>の必要はありません。 |
| **問58**<br>□□□ | 図の標示のあるところでは、車は転回してはいけない。 | ◯ | 「<u>転回禁止</u>」を表します。車は、<u>転回（Uターン）</u>してはいけません。 |
| **問59**<br>□□□ | 自動車検査証と自動車損害賠償責任保険証明書または責任共済証明書は、重要な書類であるから、車に備え付けずに、自宅に保管しなければならない。 | ✕ | 自宅ではなく、車に<u>備え付けて</u>おかなければなりません。 |
| **問60**<br>□□□ | 四輪車に子どもを乗せるときは、目の届きやすい前部座席に乗せるのがよい。 | ✕ | 子どもを前の席に乗せると危険なので、<u>後部座席</u>に乗せます。 |
| **問61**<br>□□□ | 初心運転者は、運転が未熟であるから高速自動車国道や自動車専用道路を通行してはならない。 | ✕ | 免許を受けて1年未満の初心運転者であっても、高速道路を運転<u>することができます。</u> |
| **問62**<br>□□□ | 雨の日は視界が悪いので、対向車との正面衝突を避けるため、できるだけ路肩に寄って通行したほうがよい。 | ✕ | 路肩が緩んで<u>崩れる</u>おそれがあるので<u>避けて</u>通行します。 |

| | 問題 | 解答 | 解説 |
|---|---|---|---|
| 問63 <br> □□□ | 高速道路で四輪車が故障などで停止する場合は、夜間であっても、車の後方に停止表示器材を置けば、非常点滅表示灯や尾灯などはつけなくてもよい。 | ✕ | 停止表示器材と併せて、非常点滅表示灯や尾灯などをつけます。 |
| 問64 <br> □□□ | 普通二輪免許を取得して1年を経過していない者は、一般道路で自動二輪車の二人乗りをしてはならない。 | ○ | 免許を取得して1年を経過していない者は、二人乗りをしてはいけません。 |
| 問65 <br> □□□ | 右折や左折、または転回の合図をする時期は、ハンドルを切り始めるのと同時がよい。 | ✕ | その行為をしようとする地点から30メートル手前で合図をします。 |
| 問66 <br> □□□ | 図の標識は、「自転車横断帯」を表している。 | ✕ | 図の標識は、自転車道や自転車専用道路であることを示しています。 |
| 問67 <br> □□□ | 交差点で右折するとき、図のアの信号が青色であっても、イの信号は赤色であるから、交差点の中で停止し、イの信号が青色になるまで待つ。 | ✕ | アの信号が青色であれば、イの信号が青色になるまで待つ必要はありません。 |
| 問68 <br> □□□ | 前の車が道路に面した場所に出入りするため、道路の左端に寄ろうと合図をしているときは、その進路変更を妨げるようなことをしてはならない。 | ○ | やむを得ない場合を除き、前車の進路変更を妨げてはいけません。 |
| 問69 <br> □□□ | 舗装道路では、雨の降り始めが最も滑りやすい。 | ○ | 雨の降り始めは滑りやすいので注意して運転しなければなりません。 |
| 問70 <br> □□□ | 故障車をロープでけん引する場合は、その間を5メートル以内にして、ロープの中央に0.3平方メートル以上の赤い布をつけなければならない。 | ✕ | 赤い布ではなく、0.3平方メートル以上の白い布をつけなければなりません。 |

| | 問題 | 解答 | 解説 |
|---|---|---|---|

**問71** ☐☐☐
雪道などを走行するときは、タイヤチェーンやスノータイヤを使用してもスリップや横滑りをすることがあるので、車間距離を十分にとって速度を落とし、急ブレーキや急ハンドルは避ける。
〇
雪道などを走行するときは、スリップには特に注意しなければなりません。

**問72** ☐☐☐
高速道路（一部の自動車専用道路を除く）では、条件を満たせば二人乗りをして自動二輪車を運転してもよい。
〇
20歳以上で免許保有期間3年以上の人は、二人乗りができます。

**問73** ☐☐☐
運転していて、ほかの車や歩行者に進路を譲るときは、はっきりと手で合図を行うとよい。
〇
自分の意思を伝えるため、はっきりと手で合図を行います。

**問74** ☐☐☐
車両通行帯のある道路で追い越しをするときは、その通行している車両通行帯のすぐ右側の車両通行帯を通行する。
〇
追い越しをするときは、その通行している車両通行帯のすぐ右側の車両通行帯を通行します。

**問75** ☐☐☐
酒を飲んだ1～2時間後は、酔いがさめたと思っても、体内にアルコール分が残っており、注意力と判断力がにぶっているので、運転してはならない。
〇
体内にアルコールが残っているときは、車を運転してはいけません。

**問76** ☐☐☐
タクシーやバスなどを営業目的で運転するには、第二種免許が必要である。
〇
タクシーやバスを営業目的で運転するときは、第二種免許を取得しなければなりません。

**問77** ☐☐☐
パーキング・チケット発給設備のある時間制限駐車区間では、パーキング・チケットの発給を受けると、標識によって表示されている時間は駐車することができる。
〇
チケットの発給を受け、標識の時間内で駐車できます。

**問78** ☐☐☐
二輪車を運転するときは、ブレーキをかけたとき前のめりにならないよう、正しい乗車姿勢を保つようにする。
〇
上体が前のめりにならないように、正しい乗車姿勢で運転します。

163

| | 問題 | 解答 | 解説 |
|---|---|---|---|

**問79** □□□ 図の標示は、路側帯の中に入って、駐車や停車することはできないことを示している。

←→1m 路側帯

✕

0.75m以上の路側帯では、中に入って駐停車できます。

**問80** □□□ 交通量の多いところで乗り降りするときは、特に前方の安全を確認してすばやくドアを開け、右側のドアから乗降しなければならない。

✕

特に後方の安全を確かめ、左側のドアから乗り降りします。

**問81** □□□ けん引免許がなくても、普通自動車でけん引する装置があれば、車の総重量750キログラム以下の車をけん引してよい。

〇

車の総重量が750キログラム以下であれば、けん引免許は必要ありません。

**問82** □□□ 長時間運転するときは、4時間に1回ぐらい休息をとるのがよい。

✕

長時間車を運転するときは、4時間に1回ではなく、2時間に1回ぐらい休息をとって疲れをとります。

**問83** □□□ 高速道路のトンネルや切り通しの出口などは、横風のためにハンドルをとられることがあるので、注意して通行しなければならない。

〇

ハンドルをしっかり握り、ふらつかないように注意しましょう。

**問84** □□□ 「聴覚障害者標識」や「身体障害者標識」をつけた車に対しては、やむを得ない場合を除き、その車の側方に幅寄せをしたり、前方に割り込んだりしてはいけない。

〇

幅寄せや割り込みは、禁止されています。

**問85** □□□ 高速自動車国道の本線車道が合流するところで、前方の本線車道の優先が指定されているときは、その本線車道を通行する車の進行を妨げてはならない。

〇

優先する指定に従わなければなりません。

**問86** □□□ 図の標識は、この先に上り坂があることを表している。

✕

設問の標識は、「右方屈曲あり」を表します。

| | 問題 | 解答 | 解説 |
|---|---|---|---|

**問87**
□□□
運転計画に無理があると、どうしても慎重さを欠き、注意が散漫になり、無意識のうちに速度が超過しがちになるので、ゆとりのある運転計画を立てるようにする。

○

ゆとりのある<u>運転計画</u>を立てましょう。

**問88**
□□□
信号機がある踏切で青信号のときは、一時停止をせずに通過することができる。

○

青信号に従って踏切を通過するときは、<u>安全</u>を確かめれば一時停止する必要は<u>ありません。</u>

**問89**
□□□
火災報知機から1メートル以内の場所は、駐車が禁止されている。

○

<u>駐車禁止</u>場所として、指定されています。

**問90**
□□□
横断歩道や自転車横断帯の手前30メートル以内の場所では、自動車や原動機付自転車を追い越すため進路を変えたり、その横を通り過ぎたりしてはならない。

○

設問の場所は、<u>追い越し禁止</u>場所として指定されています。

**問91**
時速10キロメートルで進行しています。交差点を左折するときは、どのようなことに注意して運転しますか？

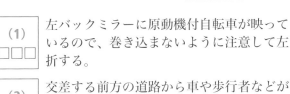

**(1)**
□□□
左バックミラーに原動機付自転車が映っているので、巻き込まないように注意して左折する。

○

原動機付自転車を<u>巻き込む</u>おそれがあります。

**(2)**
□□□
交差する前方の道路から車や歩行者などが出てくるかもしれないので、交差点の左右をよく確かめる。

○

交差点の<u>左右</u>をよく確かめなければなりません。

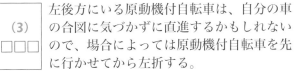

**(3)**
□□□
左後方にいる原動機付自転車は、自分の車の合図に気づかずに直進するかもしれないので、場合によっては原動機付自転車を先に行かせてから左折する。

○

気づいていない場合は原動機付自転車を<u>先</u>に行かせます。

**問92** 時速30キロメートルで進行しています。どのようなことに注意して運転しますか？

| | | | |
|---|---|---|---|
| **(1)** | 自分の車はタイヤチェーンを装着しているので、雪道の上でも滑らずに走行することができる。 | × | チェーンをつけても滑らないとは限りません。 |
| **(2)** | 対向車がくるとスリップして接触するおそれがあるので、できるだけ積雪している道路の左側部分を走行する。 | × | 対向車に注意しながら、前車の通った跡（わだち）を走行します。 |
| **(3)** | 積雪している道路の左側部分を走行すると、側溝に脱輪するおそれがあるので、できるだけ前車の通った跡（わだち）を走行する。 | ○ | 前車の通った跡（わだち）を走行します。 |

**問93** 時速40キロメートルで進行しています。どのようなことに注意して運転しますか？

| | | | |
|---|---|---|---|
| **(1)** | トラックは急に速度を落とすかもしれないので、トラックの動きに注意しながら進行する。 | ○ | トラックの急な減速に十分注意します。 |
| **(2)** | トラックの前方のようすが、よくわからないので、速度を上げてトラックを追い越す。 | × | トラックの前方が確認できないので、追い越しをしてはいけません。 |
| **(3)** | トラックは、まもなく右に進路を変更するおそれがあるので、車間距離をあけたまま前方に注意しながら進行する。 | ○ | 車間距離をあけたまま、前方に注意して進行します。 |

**問94** 時速40キロメートルで進行中、信号が黄色に変わりました。どのようなことに注意して運転しますか？

（1）□□□　前車は止まらずに交差点を通行すると思うので、このまま前車に続いて進行する。

前車が急停止して、追突するおそれがあります。

（2）□□□　前車が急に止まるかもしれないので、前車を追い越して交差点を通過する。

黄色信号なので、交差点を通過してはいけません。

（3）□□□　前車が急に止まるかもしれないので、速度を落として停止する。

前車が急に止まることを予測して、速度を落として停止します。

**問95** 時速40キロメートルで進行しています。二輪車に追いついたとき、突然右側の方向指示器の合図が出されたときは、どのようなことに注意して運転しますか？

（1）□□□　左側にいる二輪車は、右折しようとして自分の前に進路変更してくるかもしれないので、その前に加速して追い抜く。

二輪車と接触するおそれがあります。

（2）□□□　対向車は右折のため、直進する自分の通過を待ってくれているので、急いで通過する。

対向車は、自車の通過を待ってくれるとは限りません。

（3）□□□　二輪車は自分の車を気づきやすい位置にいて、進路変更してくることはないので、そのままの速度で走行する。

二輪車は自車に気づかず進路変更するおそれがあります。

著者略歴

## 長 信一（ちょう しんいち）

1962年、東京生まれ。1983年、都内にある自動車教習所に入社。1986年、
運転免許証にある全種類の免許を完全取得。指導員として多数の合格者を世に
送り出すかたわら、所長代理を歴任。現在は「自動車運転免許研究所」の所長
として、運転免許関連の書籍を多数執筆中。手がけた本は200冊を超える。
趣味は、オートバイに乗ること。雑誌、テレビでも活躍中。

●お問い合わせ●

本書の内容に関するお問い合わせは、書名・発行年月を明記の上、
下記宛先まで書面またはFAXにてお願いいたします。電話による
お問い合わせはお受けしておりません。なお、本書の範囲をこえる
ご質問などにはお答えできませんので、あらかじめご了承ください。

〒101-0061
東京都千代田区三崎町 2-11-9 石川ビル 4F
有限会社ヴュー企画　読者質問係
FAX：03-5212-6056
e-mail：info@viewkikaku.co.jp

本書の内容に関するお問い合わせは、書名、発行年月日、該当ページを明記の上、書面、FAX、お問い合
わせフォームにて、当社編集部宛にお送りください。電話によるお問い合わせはお受けしておりません。
また、本書の範囲を超えるご質問等にもお答えできませんので、あらかじめご了承ください。
　FAX：03-3831-0902
　お問い合わせフォーム：https://www.shin-sei.co.jp/np/contact-form3.html

一発で合格！
普通免許 合格問題集 改訂新版

2023年 2 月15日　初版発行
2023年 4 月 5 日　第 2 刷発行

著　者　　　長　　　　信　　　一
発行者　　　富　永　靖　弘
印刷所　　　公 和 印 刷 株 式 会 社

発行所　東京都台東区　株式　新 星 出 版 社
　　　　台東 2 丁目24　会社
　　　　〒110-0016 ☎03(3831)0743

© Shinichi Cho　　　　　　　　　　Printed in Japan

ISBN978-4-405-02748-0

一発で合格！

# 普通免許

合格問題集

*試験直前！*

# 交通ルール
# 最終確認BOOK

別冊付録

別冊

矢印の方向に引くと
別冊が取り外せます

新星出版社

# 一発で合格！普通免許　合格問題集

**別冊** 試験直前！
## 交通ルール最終確認BOOK

## Contents

# 試験に出る **9所**をチェック！
（キューショ）

次の場所は、重要な交通ルールに関連しており、よく出題されます。
交通ルールを場所別に整理して覚えましょう。

## **1 交差点** □□

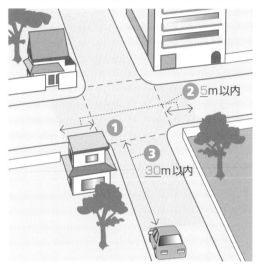

**① 徐行しなければ ならない場所** ➡ P51

左右の見通しがきかない交差点は、徐行すべき場所である（交通整理が行われている場合や優先道路を通行している場合を除く）

**② 駐停車禁止場所** ➡ P63

交差点とその端から5メートル以内の場所は、車の駐停車が禁止されている

**③ 追い越し禁止場所** ➡ P67

交差点とその手前から30メートル以内の場所は、追い越しが禁止されている（優先道路を通行している場合を除く）

## **2 道路の曲がり角付近** □□

**① 徐行しなければ ならない場所** ➡ P51

道路の曲がり角付近は徐行すべき場所である

**② 駐停車禁止場所** ➡ P63

道路の曲がり角から5メートル以内の場所は、車の駐停車が禁止されている

**③ 追い越し禁止場所** ➡ P67

道路の曲がり角付近は追い越しが禁止されている

# 3 横断歩道や自転車横断帯 □□

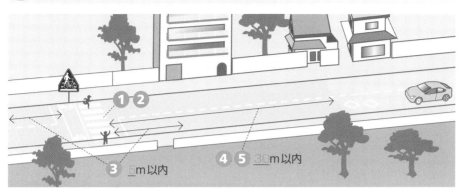

3 5m以内
4 5 30m以内

## ① 横断歩道や自転車横断帯とその 手前に停止している車があるとき ➡P42

前方に出る前に一時停止する

## ② 横断歩道や自転車横断 帯に近づいたとき ➡P43

①歩行者や自転車がいないことが明らかなときは、 そのまま進行できる

②歩行者や自転車がいるかいないか明らかでないと きは、停止できるように速度を落として進む

③歩行者や自転車が横断している（しようとしてい る）ときは、一時停止して道を譲る

## ③ 駐停車禁止場所 ➡P63

横断歩道や自転車横断帯とその端から前 後5メートル以内の場所は、車の駐停車 が禁止されている

## ④ 追い越し禁止場所 ➡P67

横断歩道や自転車横断帯とその手前から 30メートル以内の場所は、追い越しが 禁止されている

## ⑤ 追い抜き禁止場所 ➡P67

横断歩道や自転車横断帯とその手前から 30メートル以内の場所は、追い抜きも 禁止されている

# 4 坂道 □□

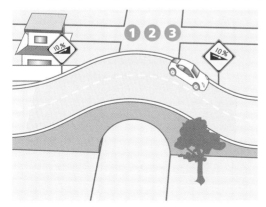

## ① 徐行しなければ ならない場所 ➡P51

上り坂の頂上付近とこう配の急な下り坂 は、徐行すべき場所である

## ② 駐停車禁止場所 ➡P62

坂の頂上付近とこう配の急な坂は、車の 駐停車が禁止されている（上りも下りも）

## ③ 追い越し禁止場所 ➡P67

上り坂の頂上付近とこう配の急な下り坂 は、追い越しが禁止されている

3

# 5 踏切 □□

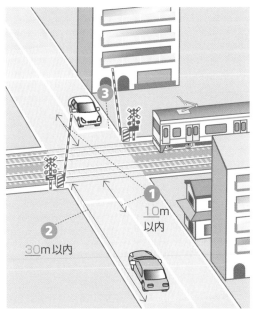

### ❶ 駐停車禁止場所 ➡ P63
踏切とその端から<u>前後10メートル以内</u>の場所は、車の駐停車が禁止されている

### ❷ 追い越し禁止場所 ➡ P67
踏切とその手前から<u>30メートル以内</u>の場所は、追い越しが禁止されている

### ❸ 一時停止場所 ➡ P70
踏切の直前で<u>一時停止</u>(<u>青色</u>の灯火信号に従う場合を除く)して、<u>目</u>と<u>耳</u>で左右の<u>安全</u>を確かめてから通過する

---

# 6 安全地帯 □□

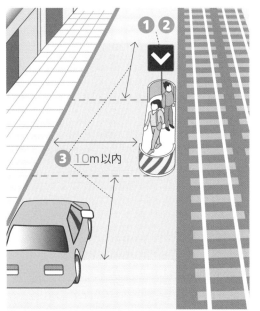

### ❶ 通行禁止場所 ➡ P35
安全地帯は、車の<u>通行</u>が禁止されている

### ❷ 安全地帯のそばを通るとき ➡ P42
車は<u>徐行</u>して進行する(歩行者がいない場合は<u>徐行</u>する必要はない)

### ❸ 駐停車禁止場所 ➡ P63
安全地帯の左側とその<u>前後10メートル以内</u>の場所は、車の駐停車が禁止されている

# 7 歩行者などのそば □□

### ❶ 歩行者や自転車の そばを通るとき →P42

安全な間隔をあけるか徐行する

### ❷ 子どもや身体の不自由な 人のそばを通るとき

一時停止か徐行して安全に通行できるようにする

# 8 トンネル □□

### ❶ 駐停車禁止場所 →P62

トンネル内は、車の駐停車が禁止されている（車両通行帯の有無にかかわらず）

### ❷ 追い越し禁止場所 →P67

トンネル内は、追い越しが禁止されている（車両通行帯がある場合を除く）

# 9 軌道敷内 □□
きどうしきない

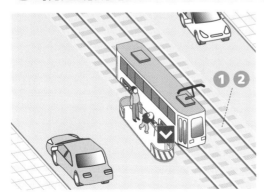

### ❶ 通行禁止場所 →P35

軌道敷内は、車の通行が禁止されている（右左折や危険防止のためやむを得ない場合などを除く）

### ❷ 駐停車禁止場所 →P62

軌道敷内は、車の駐停車が禁止されている

5

## まぎらわしい標識

**A 通行止め** □□
歩行者、車、路面電車のすべてが通行
できない

**B 駐停車禁止** □□
車は駐車や停車をしてはいけない

解答 **A**

解答 **B**

---

**A 駐車禁止** □□
車は駐車をしてはいけない

**B 車両通行止め** □□
車（自動車、原動機付自転車、軽車両）
は通行できない

解答 **B**

解答 **A**

---

**A 自動車専用** □□
高速自動車国道または自動車専用道路
を示す

**B 二輪の自動車以外の
自動車通行止め** □□
二輪の自動車（大型自動二輪車、普通
自動二輪車など）は通行できるが、そ
の他の自動車は通行できない

解答 **B**

解答 **A**

6

## A 二輪の自動車・原動機付自転車通行止め □□

二輪の自動車（大型自動二輪車と普通自動二輪車）と原動機付自転車は通行できない

## B 大型自動二輪車および普通自動二輪車二人乗り通行禁止 □□

大型自動二輪車と普通自動二輪車は二人乗りをして通行してはいけない（側車付きを除く）

解答 A

解答 B

---

## A 追越しのための右側部分はみ出し通行禁止 □□

車は道路の右側部分にはみ出して追い越しをしてはいけない

## B 追越し禁止 □□

車は追い越しをしてはいけない

解答 A

解答 B

---

## A 最低速度 □□

自動車は時速30キロメートルに達しない速度で運転してはいけない

## B 最高速度 □□

車と路面電車は時速30キロメートルを超えて運転してはいけない（原動機付自転車と他の車をけん引する自動車を除く）

解答 B

解答 A

---

## A 高さ制限 □□

地上からの高さ（荷物の高さを含む）が2.5メートルを超える車は通行できない

## B 最大幅 □□

車の幅が2.5メートルを超える車（荷物の幅を含む）は通行できない

解答 A

解答 B

## A 左折可 □□

車は歩行者などまわりの交通に注意し
ながら左折できる

## B 一方通行 □□

車は矢印の示す方向の反対方向には通
行できない

解答 B

解答 A

---

## A 専用通行帯 □□

標示板に表示された車の専用の通行帯
を示す（この場合は路線バスなど）

## B 路線バス等優先通行帯 □□

路線バスなどの優先通行帯を示す

解答 A

解答 B

---

## A けん引自動車の自動車専用道路第一通行帯通行指定区間 □□

けん引自動車は、最も左側の車両通行
帯を通行しなければならない

## B けん引自動車の高速自動車国道通行区分 □□

けん引自動車は、標示板の示す通行区
分に従って通行しなければならない

解答 B

解答 A

---

## A 原動機付自転車の右折方法（小回り） □□

原動機付自転車は右折するとき、小回
りの方法（あらかじめ道路の中央に寄
って通行する方法）で右折しなければ
ならない

## B 原動機付自転車の右折方法（二段階） □□

原動機付自転車は右折するとき、二段
階の方法（あらかじめ道路の左端に寄
って通行する方法）で右折しなければ
ならない

解答 B

解答 A

## A 歩行者横断禁止 □□
歩行者は横断できない

## B 歩行者通行止め □□
歩行者は通行できない

解答 B

解答 A

---

## A 横断歩道 □□
横断歩道を示す

## B 学校、幼稚園、保育所等あり □□
この先に学校、幼稚園、保育所などがある

解答 A

解答 B

---

## A 車線数減少 □□
この先は車線数が減少する

## B 幅員減少 □□
この先は幅員が減少する

解答 A

解答 B

---

## A 都道府県道番号 □□
都道府県道番号を示す

## B 国道番号 □□
国道番号を示す

解答 B

解答 A

標識・標示

## A 始まり □□
本標識が示す交通規制の始まりを示す

## B 終わり □□
本標識が示す交通規制の終わりを示す

解答 B

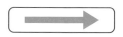

解答 A

# まぎらわしい標示

## A 終わり □□
転回禁止区間の終わりを示す

## B 転回禁止 □□
車は転回してはいけない

解答 B

解答 A

## A 追越しのための右側部分はみ出し通行禁止 □□
AとBの部分を通行する車は、いずれも追い越しのため道路の右側部分にはみ出して通行してはいけない

## B 進路変更禁止 □□
Aの車両通行帯を通行する車はBへ、Bの車両通行帯を通行する車はAへ進路を変えてはいけない

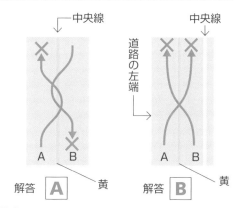

解答 A　黄

解答 B　黄

## A 駐車禁止 □□
車は駐車をしてはいけない

## B 駐停車禁止 □□
車は駐車や停車をしてはいけない

解答 B　黄

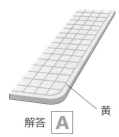

解答 A　黄

## A 最高速度 □□

車と路面電車は時速50キロメートルを超えて運転してはいけない（原動機付自転車と他の車をけん引する自動車を除く）

## B 終わり □□

時速50キロメートルの規制速度区間の終わりを示す

解答 A　　　解答 B

## A 立入り禁止部分 □□

車はこの標示の中に入ってはいけない

## B 停止禁止部分 □□

車と路面電車は前方の状況によりこの標示の中で停止するおそれがあるときは、この中に入ってはいけない

解答 A　　　解答 B

## A 路面電車停留所 □□

路面電車の停留所であることを示す

## B 安全地帯 □□

安全地帯であることを示す

軌道 →　　　軌道 →

解答 B　　　解答 A

## A 自転車横断帯 □□

自転車が道路を横断するための場所であることを示す

## B 普通自転車の歩道通行部分 □□

普通自転車が歩道を通行でき、その場合の通行すべき部分を示す

解答 B　　　解答 A

11

## A 進行方向 □□
車が進行することができる方向を示す

## B 進行方向別通行区分 □□
車は交差点で進行する方向別に指定された車両通行帯を通行しなれてばならない

中央線 ⌐

道路の左端 →

解答 B　　解答 A

---

中央線 ⌐

## A 中央線 □□
道路の中央か中央線を示す

## B 車線境界線 □□
4車線以上の道路の区間内の車線の境界線であることを示す

解答 A　　解答 B

---

## A 横断歩道または自転車横断帯あり □□
前方に横断歩道や自転車横断帯があることを示す

## B 前方優先道路 □□
この標示がある道路と交差する前方の道路が優先道路であることの予告を示す

解答 A　　解答 B

---

## A 専用通行帯 □□
表示された車の専用通行帯であることを示す

## B 路線バス等優先通行帯 □□
路線バスなどの優先通行帯であることを示す

中央線　　中央線

解答 B　　解答 A

# 標識・標示を見分けるポイント

標識や標示の色やデザイン、形には特徴があります。

| | 標識のデザイン | 標識の色 | 標示のデザイン | 標示の色 |
|---|---|---|---|---|
| | 「⊗」は「◯」より規制効果が強い | 「赤」は「青」よりも強い意味を表す | 「実線」は「破線」よりも規制効果が強い | 「黄」は「白」よりも強い意味を表す |
| 強 | 通行止 | | 黄 | 中央線（黄） |
| 弱 | | P | 黄 | 中央線（白） |

| | 規制標識 | 指示標識 | 警戒標識 | 案内標識 |
|---|---|---|---|---|
| 色 | 赤・青 | 青 | 黄 | 青・緑 |
| 形 | 丸・四角・三角 | 四角・五角 | ひし形 | 四角など |
| 標識 | 徐行 SLOW | 中央線 | | 市ケ谷 Ichigaya / 池袋 Ikebukuro 渋谷 Shibuya / 明治通り 300m |
| | | | | 東名高速 TOMEI EXPWY |

13

# 数字でルールを覚えよう！

交通ルールと数字の組み合わせを正確に暗記しましょう。

## 一般道路の法定速度 ➡ P50

| **60**km/h | **自動車**の**最高**速度 |  |
|---|---|---|
| **30**km/h | **原動機付自転車**の**最高**速度 |  |

## 高速道路の法定速度 ➡ P78

| **100**km/h | **普通自動車**（三輪、けん引を除く）などの**最高**速度 |  |
|---|---|---|
| **80**km/h | **大型貨物自動車**などの**最高**速度 |  |
| **50**km/h | **自動車**の**最低**速度 |  |

## 合図の時期 ➡ P44

| **右左折**や**転回**しようとする地点から | **30**m手前 |  |
|---|---|---|
| **進路を変えよう**とするときから | **3**秒前 | |

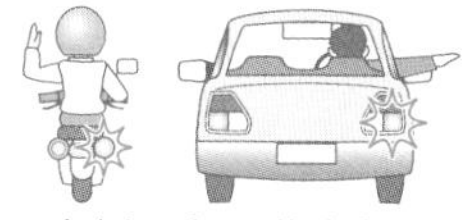

左折・左に進路変更

右折・右に進路変更

## 積載の制限 ➡ P39

| 高さの制限 | | |
|---|---|---|
| ・大型自動車<br>・中型自動車<br>・準中型自動車<br>・普通自動車<br>（三輪と総排気量660cc以下のものを除く）<br>・大型特殊自動車 | ・三輪<br>・総排気量660cc以下の普通自動車 | ・大型自動二輪車<br>・普通自動二輪車<br>・原動機付自転車 |
| 地上から<br>**3.8**m以下 | 地上から<br>**2.5**m以下 | 地上から<br>**2.0**m以下 |

| 長さの制限 | | 幅の制限 | |
|---|---|---|---|
| ・大型自動車<br>・中型自動車<br>・準中型自動車<br>・普通自動車<br>・大型特殊自動車 | ・大型自動二輪車<br>・普通自動二輪車<br>・原動機付自転車 | ・大型自動二輪車<br>・普通自動二輪車<br>・原動機付自転車 | |
| 自動車の長さ×<br>**1.2**以下 | 積載装置の長さ＋<br>**0.3**m以下 | 積載装置の幅＋<br>左右に**0.15**m以下 | |

| 重さの制限 | | |
|---|---|---|
| ・大型自動二輪車<br>・普通自動二輪車 | ・小型特殊自動車 | ・原動機付自転車 |
| **60**kg 以下 | **700**kg 以下 | **30**kg 以下 |

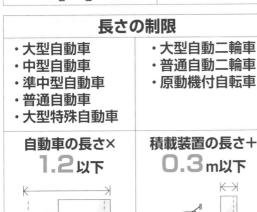
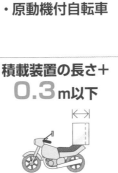

数字のルール

15

## 追い越し禁止場所 → P67

| | |
|---|---|
| **30m手前** | 交差点とその手前からの場所<br>（優先道路を通行している場合を除く） |
| | 踏切とその手前からの場所 |
| | 横断歩道や自転車横断帯とその手前からの場所 |

## 駐停車禁止場所 → P63

| | |
|---|---|
| **5m以内** | 交差点とその端からの場所 |
| | 道路の曲がり角からの場所 |
| | 横断歩道や自転車横断帯とその端からの場所 |
| **10m以内** | 踏切とその端から前後10m以内の場所 |
| | 安全地帯の左側とその前後10m以内の場所 |
| | バス、路面電車の停留所の<br>標示板（柱）からの場所 |

## 駐車禁止場所 → P64

| | |
|---|---|
| **1m以内** | 火災報知機からの場所 |
| **3m以内** | 駐車場、車庫などの自動車用の出入り口からの場所 |
| **5m以内** | 道路工事の区域の端からの場所 |
| | 消防用機械器具の置場、消防用防火水槽、これらの道路に接する出入り口からの場所 |
| | 消化栓、指定消防水利の標識が設けられている位置や、消防用防火水槽の取り入れ口からの場所 |

## 自動車などの種類

| | |
|---|---|
| **6500kg 以上**<br>（車両総重量は **11000kg 以上**） | 大型自動車の<br>最大積載量 |
| **30人 以上** | 大型自動車の<br>乗車定員 |
| **4500kg 以上 6500kg 未満**<br>（車両総重量は<br>**7500kg 以上**<br>**11000kg 未満**） | 中型自動車の<br>最大積載量 |
| **11人 以上 29人 以下** | 中型自動車の<br>乗車定員 |
| **2000kg 以上 4500kg 未満**<br>（車両総重量は<br>**3500kg 以上**<br>**7500kg 未満**） | 準中型自動車の<br>最大積載量 |
| **10人 以下** | 準中型自動車の<br>乗車定員 |
| **2000kg 未満**<br>（車両総重量は **3500kg 未満**） | 普通自動車の<br>最大積載量 |
| **10人 以下** | 普通自動車の<br>乗車定員 |
| **400cc を超える**<br>（定格出力が **20.00kw を超える**） | 大型自動二輪車（側<br>車付きを含む）のエ<br>ンジンの総排気量 |
| **50cc を超え 400cc 以下**<br>（定格出力が **0.60kw を超え 20.00kw 以下**） | 普通自動二輪車（側<br>車付きを含む）のエ<br>ンジンの総排気量 |
| **50cc 以下**<br>（定格出力が **0.60kw 以下**） | 原動機付自転車の<br>エンジンの総排気量 |
| **1人** | 原動機付自転車の<br>乗車定員 |

学科問題では、交通用語の意味が重要になります。正しく理解しましょう。

## あ行

### □ 安全地帯
あんぜん ち たい

路面電車に乗り降りする人や道路を横断する歩行者の安全を図るために、道路上に設けられた島状の施設や、標識と標示によって示された道路の部分

### □ 追い越し
お こ

車が進路を変えて、進行中の前の車などの前方に出ること

### □ 追い抜き
お ぬ

車が進路を変えないで、進行中の前の車などの前方に出ること

追い越し　　　追い抜き

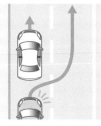
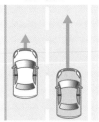

### □ 横断歩道
おうだん ほ どう

標識や標示により、歩行者が横断するための場所であることが示されている道路の部分

### □ 大型自動車
おおがた じ どうしゃ

大型特殊自動車、大型・普通自動二輪車、小型特殊自動車以外の自動車で、次の条件のいずれかに該当する自動車
・車両総重量11000キログラム以上のもの
・最大積載量6500キログラム以上のもの
・乗車定員30人以上のもの

### □ 大型自動二輪車
おおがた じ どう に りんしゃ

エンジンの総排気量が400ccを超え、または定格出力が20.00kwを超える二輪の自動車（側車付きのものを含む）

### □ 大型特殊自動車
おおがたとくしゅ じ どうしゃ

カタピラ式や装輪式など特殊な構造をもち、特殊な作業に使用する自動車で、最高速度や車体の大きさが小型特殊自動車にあてはまらない自動車

# か行

## □ 軌道敷

路面電車が通行するために必要な道路の部分（レールの敷いてある内側部分とその両側0.61メートルの範囲）

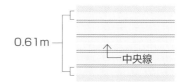
0.61m
←中央線

## □ 車

自動車、原動機付自転車、軽車両、トロリーバス

車など
車

## □ 車など

車と路面電車の総称

## □ 軽車両

自動車(低出力の電動機のついたハイブリッド自転車を含む)、荷車、リヤカー、そり、牛馬など

## □ 原動機付自転車

総排気量が50cc（定格出力0.60kw）以下の二輪車、または総排気量が20cc（定格出力0.25kw）以下の三輪以上の車〔左右の車輪の距離が0.5メートル以下で車室を有しないものは50cc（定格出力0.60kw）以下〕で、自転車、身体障害者用の車いす、歩行補助車など以外の車

## □ 交差点

十字路、T字路など、2つ以上の道路が交わる部分

## □ 高速道路

高速自動車国道と自動車専用道路の総称

## □ 交通巡視員

歩行者や自転車の通行の安全確保と、駐停車の規制や交通整理などの職務を行う警察職員

## □ こう配の急な坂

おおむね10%（約6度）以上のこう配の坂

## □ 小型特殊自動車

次の条件のすべてに該当する特殊な構造をもつ自動車
・最高速度が時速15キロメートル以下のもの
・長さ4.70メートル以下、幅1.70メートル以下、高さ2.00メートル以下（ヘッドガード等により2.00メートルを超え2.80メートル以下のものを含む）のもの

# さ行

## □ 自転車
じてんしゃ

人の力で運転する二輪以上の車（低出力の電動機のついたハイブリッド自転車を含む）。身体障害者用の車いす、小児用の車、歩行補助車などはこれに含まれない

## □ 自転車横断帯
じてんしゃおうだんたい

標識や標示により自転車が横断するための場所であることが示されている道路の部分

## □ 自転車道
じてんしゃどう

自転車の通行のため縁石線、さく、ガードレールなどの工作物によって区分された車道の部分

## □ 自動車
じどうしゃ

原動機を用い、レールや架線に寄らないで運転する車。原動機付自転車、自転車、身体障害者用の車いす、歩行補助車などはこれに含まれない

## □ 車道
しゃどう

車の通行のため縁石線、さく、ガードレールなどの工作物や道路標示によって区分された道路の部分

## □ 車両総重量
しゃりょうそうじゅうりょう

車の重量に最大積載量と乗車定員の重量（1人を55キログラムとして計算）を加えた重さをいう。一般に「○○kg」と表記する

## □ 車両通行帯
しゃりょうつうこうたい

車が道路の定められた部分を通行するように標示によって示された道路の部分。一般に車線やレーンともいう

## □ 準中型自動車
じゅんちゅうがたじどうしゃ

大型自動車、中型自動車、大型特殊自動車、大型・普通自動二輪車、小型特殊自動車以外の自動車で、次の条件のいずれかに該当する自動車
・車両総重量3500キログラム以上7500キログラム未満のもの
・最大積載量2000キログラム以上4500キログラム未満のもの
・乗車定員10人以下のもの

## □ 徐行
車がすぐに停止できるような速度で進行することをいう。一般に、ブレーキを操作してから停止するまでの距離がおおむね１メートル以内の速度で、時速１０キロメートル以下の速度

## □ 信号機
道路の交通に関し、電気によって操作された灯火により、交通整理などのための信号を表示する装置

青

## □ スタンディングウェーブ現象
空気圧の低いタイヤで高速走行を続けると、路面から離れる部分に波打ち現象が発生する。このことをスタンディングウェーブ現象という

## □ 専用通行帯
標識や標示によって示された車だけが通行できる車両通行帯

 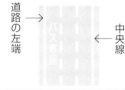

道路の左端 →
← 中央線

重要交通用語

## □ 総排気量
エンジンの大きさを表すのに用いられる数値で、数値が大きくなるほどその車の馬力やトルクなどが大きくなる。一般に「○○cc」と表記する

## た行

## □ 中型自動車
大型自動車、大型特殊自動車、大型・普通自動二輪車、小型特殊自動車以外の自動車で、次の条件のいずれかに該当する自動車
・車両総重量７５００キログラム以上１１０００キログラム未満のもの
・最大積載量４５００キログラム以上６５００キログラム未満のもの
・乗車定員１１人以上２９人以下のもの

## □ 駐車
車などが客待ち、荷待ち、荷物の積みおろし、故障その他の理由により継続的に停止すること（人の乗り降りや５分以内の荷物の積みおろしのための停止を除く）。また、運転者が車から離れてすぐに運転できない状態で停止すること

## □ 停車
駐車にあたらない車の停止

## □ 道路
どうろ
一般の人や車が自由に通行できる場所。公園、空き地、私道などもこれに含まれる

## □ 特定中型自動車
とくていちゅうがたじどうしゃ

中型自動車で、次の条件のいずれかに該当する自動車
・車両総重量8000キログラム以上11000キログラム未満のもの
・最大積載量5000キログラム以上6500キログラム未満のもの
・乗車定員11人以上29人以下のもの

## □ トロリーバス

架線から受ける電力により、レールによらないで運転する車（日本の一般道路では運行されていないため、本書では除外する）

## な・は行

## □ ハイドロプレーニング現象
げんしょう

路面が水でおおわれているときに高速で走行すると、タイヤが水上スキーのように水の膜の上を滑走する現象のこと

## □ 標示
ひょうじ

道路の交通に関し、規制や指示のため、ペイントやびょうなどによって路面に示された線や記号や文字のこと

## □ 標識
ひょうしき

道路の交通に関し、規制や指示などを示す標示板のことで、本標識と補助標識がある

## □ フェード現象
げんしょう

下り坂などでブレーキを使いすぎると、ブレーキ装置が過熱してブレーキの効きが悪くなる現象のこと

## □ 普通自動車
ふつうじどうしゃ

大型自動車、中型自動車、準中型自動車、大型特殊自動車、大型・普通自動二輪車、小型特殊自動車以外の自動車で、次の条件のすべてに該当する自動車
・車両総重量3500キログラム未満のもの
・最大積載量2000キログラム未満のもの／・乗車定員10人以下のもの

## □ 普通自動二輪車
ふつうじどうにりんしゃ

エンジンの総排気量が50ccを超え400cc以下、または定格出力が0.60kwを超え20.00kw以下の二輪の自動車（側車付きのものを含む）

## □ ベーパーロック現象（げんしょう）

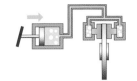

下り坂などでブレーキを使いすぎると、ブレーキ液内に気泡が発生してブレーキの効きが悪くなる現象のこと

## □ 歩行者（ほこうしゃ）

道路を通行している人のこと。身体障害者用の車いす、小児用の車、歩行補助車などに乗っている人はこれに含まれる

## □ 歩行者用道路（ほこうしゃようどうろ）

歩行者の通行の安全を図るため、標識によって車の通行が禁止されている道路

## □ 歩道（ほどう）

歩行者の通行のため縁石線、さく、ガードレールなどの工作物によって区分された道路の部分

## □ 本線車道（ほんせんしゃどう）

高速道路で通常に高速走行する部分。加速車線、減速車線、登坂車線、路側帯や路肩は含まれない

重要交通用語

# ま・や・ら・わ行

## □ ミニカー

総排気量が50cc以下または定格出力0.60kw以下の原動機を有する普通自動車

## □ 優先道路（ゆうせんどうろ）

「優先道路」の標識のある道路や交差点の中まで中央線や車両通行帯がある道路

## □ 路側帯（ろそくたい）

歩行者の通行のためや、車道の効用を保つため、歩道のない道路（片側に歩道があるときは歩道のない側）に、白線によって区分された道路の端の帯状の部分

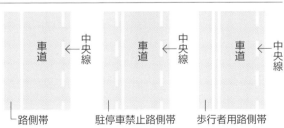

## □ 路面電車（ろめんでんしゃ）

道路上をレールにより運転する車

23

頻出度の高い交通ルールの問題です。次の問題を読んで、正しいと思うものについては「○」、誤りと思うものについては「×」で答えなさい。

| | 問題 | 解答 | 解説 |
|---|---|---|---|

## 重要交通用語50 ➡ 別冊P18

**問1**
□□□

標識とは、交通の規制などを示す標示板のことをいい、本標識と補助標識がある。

○

標識には、本標識と補助標識があります。

**問2**
□□□

停車とは、駐車にあたらない車の短時間の停止をいう。

○

停車とは、駐車にあたらない車の短時間の停止をいいます。

**問3**
□□□

追い抜きとは、進路を変え、進行中の前車の側方を通り、その前方に出ることをいう。

×

設問の内容は「追い越し」です。「追い抜き」とは、進路を変えないで進行中の前車の前に出ることです。

**問4**
□□□

高速道路の本線車道とは、通常高速走行する走行車線、登坂車線、加速車線、減速車線をいう。

×

登坂車線、加速車線、減速車線は、本線車道には含まれません。

**問5**
□□□

高速走行中に起きるハイドロプレーニング現象とは、タイヤの空気圧が低いために起きる波打ち現象のことである。

×

ハイドロプレーニング現象は、タイヤが水の上に乗り上げて滑る現象です。

## 信号機の信号の意味 ➡ P22

**問1**
□□□

交差点の信号機の信号は、横の信号が赤色であっても、前方の信号が青色であるとは限らない。

○

スクランブル交差点のように、すべてが赤色になる場合もあります。

| 問2 ☐☐☐ | 信号機の青の灯火は「進め」なので、前方の交通に関係なく、車はすぐに発進しなければならない。 | ✕ | 渋滞していて交差点内で止まるおそれがある場合は、進んではいけません。 |

| 問3 ☐☐☐ | 対面する信号機の灯火が黄色の点滅を表示しているときは、車はほかの交通に注意しながら進行してよい。 | ◯ | 黄色の点滅信号では、車はほかの交通に注意しながら進行できます。 |

| 問4 ☐☐☐ | 図の信号のある交差点では、自動車は直進、左折、右折することができるが、二段階の方法で右折する原動機付自転車は右折できない。  青 | ◯ | 原動機付自転車は、二段階右折の方法で右折しなければならないので、右折できません。 |

| 問5 ☐☐☐ | 図の信号のある交差点では、車はほかの交通に注意しながら左折することができる。  黄 | ✕ | 路面電車は左折することができますが、車は左折してはいけません。 |

## 警察官の信号の意味 ➡ P24

| 問1 ☐☐☐ | 道路で交通巡視員が手信号による交通整理を行っていたが、警察官ではないので、その手信号に従わなかった。 | ✕ | 交通巡視員は交通指導を行う警察職員なので、その手信号には従わなければなりません。 |

| 問2 ☐☐☐ | 警察官などの手信号で、横に水平に上げた腕に対面する交通については、赤色の灯火の信号と同じ意味である。 | ◯ | 警察官などに対面する交通は、赤信号を表します。 |

| 問3 ☐☐☐ | 警察官などの手信号と信号機の信号が違っているときは、信号機の信号に従う。 | ✕ | 信号機の信号より、警察官などの手信号を優先します。 |

頻出おさらい問題

| 問題 | 解答 | 解説 |

| | | |
|---|---|---|
| 問4 □□□ 交差点で警察官が図のような手信号をしているときは、身体に平行する方向の交通は、青色の灯火と同じである。  | ○ | 警察官の身体に平行する方向の交通については、青色の灯火信号と同じ意味を表します。 |
| 問5 □□□ 交差点で警察官が図のような手信号をしているときは、身体に対面する方向の交通は、黄色の灯火と同じである。  | × | 警察官の身体に対面する方向の交通については、赤色の灯火信号と同じ意味を表します。 |

## 信号がない交差点の通行方法 ➡P56

| | | |
|---|---|---|
| 問1 □□□ 図の標識は、原動機付自転車が交差点で右折するとき、自動車と同じ方法で右折しなければならないことを表している。  | ○ | 「原動機付自転車の右折方法（小回り）」の標識で、あらかじめ道路の中央に寄って右折しなければなりません。 |
| 問2 □□□ 交差点で右折する場合、右折車が直進車より先に交差点に入っているときは、直進車より先に右折できる。 | × | 先に交差点に入っていても、直進車の進行を妨げてはいけません。 |
| 問3 □□□ 交通整理の行われていない道幅の同じような交差点に同時に入った場合は、右方車よりも左方車が優先する。 | ○ | 交通整理の行われていない道幅の同じ交差点では、左方の車が優先します。 |
| 問4 □□□ 車が左折しようとするときは、あらかじめできるだけ道路の左端に寄り、交差点の側端を徐行しなければならない。 | ○ | 左折するときは、あらかじめできるだけ道路の左端に寄り、交差点の側端を徐行しながら通行します。 |
| 問5 □□□ 図のような道幅が違う交差点では、B車はA車の進行を妨げてはならない。  | × | B車は広い道路を通行しているので、A車はB車の進行を妨げてはいけません。 |

|  | 問題 | 解答 | 解説 |

## 徐行の意味と徐行場所 ➡P51

**問1**
□□□
車は、歩行者のそばを通るときは、歩行者との間に安全な間隔をあけるか、徐行しなければならない。

安全な間隔をあけるか徐行しなければなりません。

---

**問2**
□□□
交差点で右左折するときは、車は必ず徐行しなければならない。

交差点を右左折するときは、車は必ず徐行しなければなりません。

---

**問3**
□□□
道路の曲がり角付近で、見通しのよいところでは、車は徐行しなくてもよい。

見通しがよい悪いにかかわらず、徐行しなければなりません。

---

**問4**
□□□
左右の見通しの悪い交差点を通行する場合は、優先道路を通行しているときであっても、必ず徐行しなければならない。

信号機があったり優先道路を通行しているときは、徐行の必要はありません。

頻出おさらい問題

---

**問5**
□□□
歩行者のいる安全地帯のそばを通るときは、車は徐行しなければならない。

歩行者のいる場合は、徐行しなければなりません。

## 歩行者の保護 ➡P42

**問1**
□□□
図の標示は、前方に横断歩道または自転車横断帯があることを表している。

図の標示は、「横断歩道または自転車横断帯あり」を表しています。

---

**問2**
□□□
横断歩道を横断している人がいたが、車が近づいたら立ち止まったので、そのまま進行を続けた。

歩行者が横断しているときは、必ず一時停止して道を譲らなければなりません。

| 問3 □□□ | 子どもが一人で歩いている場合には、運転者は一時停止か徐行をして、子どもが安全に通れるようにしなければならない。 | ○ | 一時停止か徐行して、安全に通行できるようにします。 |

| 問4 □□□ | 横断歩道に近づいたとき、横断する人がいるかいないかはっきりしないときは、車はそのまま通過することができる。 | × | 横断歩道の手前で一時停止できるように速度を落とします。 |

| 問5 □□□ | 通行に支障のある高齢者や身体に障害がある人が歩いているときは、車は必ず一時停止して安全に通行できるようにする。 | × | 必ずしも一時停止する必要はなく、状況によっては徐行でもかまいません。 |

## 合図の時期と方法 ➡P44

| 問1 □□□ | 図の手による合図は、左折か左に進路変更するときの合図である。 |  ○ | 図の手による合図は、左折か左に進路変更するときの合図です。 |

| 問2 □□□ | 図の手による合図は、右折か右に進路変更するときの合図である。 |  × | 図の手による合図は、左折か左に進路変更するときの合図です。 |

| 問3 □□□ | 右折や左折をしようとするときの合図の時期は、その行為をしようとするときの約3秒前である。 |  × | 右左折しようとする30メートル手前の地点に達したときに合図を行います。 |

| 問4 □□□ | 右や左へ進路変更しようとするときの合図の時期は、進路を変えようとするときの約3秒前であある。 | ○ | 進路を変えようとする約3秒前に合図を行います。 |

| 問5 □□□ | 徐行や停止をするときの合図は、徐行や停止をしようとするときに行う。 |  | 徐行や停止をするときの合図は、徐行や停止を<u>しようとする</u>ときに行います。 |

## 追い越しのルール・追い越し禁止場所 ➡P66・67

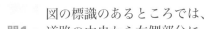

| 問1 □□□ | 図の標識のあるところでは、道路の中央から右側部分にはみ出しての追い越しをしてはならない。 |   | 右側部分に<u>はみ出して</u>の追い越しを禁止しています。 |
| 問2 □□□ | 横断歩道や自転車横断帯とその手前から30メートルの間は、追い越しと追い抜きの両方が禁止されている。 |  | 歩行者や自転車を<u>保護</u>するため、<u>追い越し</u>と<u>追い抜き</u>の両方が禁止されています。 |
| 問3 □□□ | こう配の急な坂は、上りも下りも追い越しが禁止されている。 | ✕ | 追い越しが禁止されているのは、上り坂の<u>頂上付近</u>とこう配の急な<u>下り坂</u>です。 |
| 問4 □□□ | トンネル内は、車両通行帯の有無に関係なく、追い越しをすることができない。 | ✕ | トンネルに<u>車両通行帯</u>がある場合は、追い越すことが<u>できます</u>。 |
| 問5 □□□ | 前の車が自動車を追い越そうとしているときは、追い越しを始めてはならない。 |  | <u>二重追い越し</u>となり、<u>禁止</u>されています。 |

頻出おさらい問題

## 駐停車禁止場所 ➡P62

| 問1 □□□ | 図の標識のあるところでは、車は駐車も停車もしてはならない。 |   | 「<u>駐停車禁止</u>」を表しています。車は、<u>駐車</u>も<u>停車</u>も禁止されています。 |

**問2** □□□
横断歩道や自転車横断帯とその端から前後5メートル以内の場所は、駐車や停車が禁止されている。

○

設問の場所は、<u>駐停車禁止</u>場所として指定されています。

---

**問3** □□□
車両通行帯のあるトンネルでは、停車してもよい。

×

トンネル内は、車両通行帯の<u>有無</u>にかかわらず<u>駐停車禁止</u>です。

---

**問4** □□□
バス停の標示板（柱）から10メートル以内の場所は、バスの運行時間中に限り、駐停車することができない。

○

設問の場所は、バスの運行時間中に限って駐停車を<u>してはいけません</u>。

---

**問5** □□□
駐車場、車庫などの自動車用の出入り口から3メートル以内の場所は、駐停車禁止場所である。

×

設問の場所は<u>駐車禁止</u>場所です。

---

## 駐車禁止場所 ➡P64

**問1** □□□
図の標示のある場所では、駐車も停車もすることができない。

×

黄色の破線は「<u>駐車禁止</u>」を表し、実線は「<u>駐停車禁止</u>」を表します。

---

**問2** □□□
どのような道路であっても、歩行者が通行できるだけの幅を残して駐車しなければならない。

×

歩道や路側帯のない道路では、道路の<u>左端</u>に沿って駐車します。

---

**問3** □□□
人の乗り降りや、5分以内の荷物の積みおろしのための停止は、駐車にはならない。

○

人の乗り降りや<u>5分以内</u>の荷物の積みおろしのための停止は、<u>停車</u>に該当します。

| 問4 □□□ | 道路工事区域の端から5メートル以内では、駐車は禁止されているが、停車は禁止されていない。 | ◯ | <u>駐車禁止</u>場所なので、停車はすることが<u>できます</u>。 |

| 問5 □□□ | 歩道や路側帯のない道路に駐車するときは、車の左側に0.75メートル以上の余地をあけなければならない。 | ✕ | 道路の<u>左</u>側に沿って駐車しなければなりません。 |

## 高速道路の走行 ➡P78

| 問1 □□□ | 原動機付自転車は高速自動車国道を通行できないが、自動車専用道路は通行することができる。 | ✕ | 原動機付自転車は、<u>高速自動車国道</u>も<u>自動車専用道路</u>も通行してはいけません。 |

| 問2 □□□ | 高速自動車国道の本線車道が道路の構造上往復の方向別に分離されていない区間では、標識などにより最高速度が指定されていなければ、最高速度は一般道路と同じである。 | ◯ | 設問のような場所の最高速度は、一般道路と同じ時速60キロメートルです。 |

| 問3 □□□ | 高速道路では、総排気量125cc以下の普通自動二輪車は通行することができない。 | ◯ | 総排気量<u>125</u>cc以下の普通自動二輪車は、高速道路を通行して<u>はいけません</u>。 |

| 問4 □□□ | 高速自動車国道の本線車道での普通自動車（三輪やけん引車を除く）の法定最高速度は、時速100キロメートルである。 | ◯ | 三輪を除く普通自動車の法定最高速度は、時速<u>100</u>キロメートルです。 |

| 問5 □□□ | 高速道路では、けん引するための構造や装置の有無に関係なく、他の車をけん引して走行してはならない。 | ✕ | トレーラーなど、けん引装置を備えている車は通行<u>できます</u>。 |

頻出おさらい問題

# 試験当日までの準備チェックリスト

本書購入から試験当日までに準備することをチェックリストにまとめました。
スケジュールや試験会場までの行き方を書き込み、免許取得計画を立ててみましょう。

## ✔ 受験スケジュール

| | 内容 | 予定日 | 予備日 |
|---|---|---|---|
| ☐ | 本書購入日 | 月　　日（　曜日） | |
| ☐ | 勉強期間 | 月　　日（　曜日）～　　月　　日（　曜日） | |
| ☐ | 学科試験 | 月　　日（　曜日） | 月　　日（　曜日） |
| ☐ | 免許証取得予定日 | 月　　日（　曜日） | |

※指定自動車教習所の卒業者は技能試験が免除される

## ✔ 受験に必要なもの

| | 必要なもの | 詳細 |
|---|---|---|
| ☐ | 住民票または免許証 | 本籍が記載された住民票が必要（免許証がある人は除く） |
| ☐ | 身分証明証 | 健康保険証やパスポートなどの身分証明証の提示が必要（免許証がある人は除く） |
| ☐ | 証明写真 | 過去６ヶ月以内に撮影したもの。縦30ミリ×横24ミリ、上三分身、正面、無背景 |
| ☐ | 筆記用具 | 鉛筆、消しゴム、ボールペン、メモ帳など |
| ☐ | 運転免許申請書 | 試験場の受付で用意してあります。見本を見ながら必要事項を記入します |
| ☐ | 受験手数料 | 交通費、受験料、免許証交付料が必要 |
| ☐ | 卒業証明書 | 指定自動車教習所の卒業者に限る |

## ✔ 試験場の住所など

| | 情報 | 内容（事前に調べておきましょう） |
|---|---|---|
| ☐ | 住所 | |
| ☐ | 電話番号 | |
| ☐ | 最寄りの駅など | |
| ☐ | 所用時間 | 時間　　分（ギリギリで・余裕をもって） |

## ✔ 当日のタイムスケジュール

| | 内容 | | | | 起床 | 到着予定 | 試験開始 |
|---|---|---|---|---|---|---|---|
| ☐ | （1回目）学科試験 | 月　　日（ | 曜日） | | 時間　　分 | 時　　分 | 時　　分 |
| ☐ | （2回目）学科試験 | 月　　日（ | 曜日） | | 時間　　分 | 時　　分 | 時　　分 |
| ☐ | 技能試験 | 月　　日（ | 曜日） | | 時間　　分 | 時　　分 | 時　　分 |
| ☐ | 技能試験 | 月　　日（ | 曜日） | | 時間　　分 | 時　　分 | 時　　分 |